ポール・ジェプソン＋ケイン・ブライズ 著
菅 啓次郎＋林 真 訳
松田法子 解説

Rewilding
リワイルディング
生態学のラディカルな冒険

The Radical New Science of Ecological Recovery

Paul Jepson & Cain Blythe

勁草書房

REWILDING
by Paul Jepson and Cain Blythe

Japanese translation published by arrangement with Icon Books Ltd.
c/o The Marsh Agency Ltd through The English Agency (Japan) Ltd.

謝　辞

本書は、私たちがここ何年ものあいだに出会った多くのリワイルディング実践者たちと革新的な科学者たちに、そして二十一世紀における保全のための、より希望にみち、より野心的なアプローチをかたちにしようと努力する若い保全活動家たちの熱意と貢献に、触発され、教えられつつ、書かれました。長年にわたって多くの刺激的な会話や現地訪問の機会を与えてくれたことについて、私たちは特にワウター・ヘルマー、リチャード・レイドル、マルク・マシアス＝ファウリア、ヤドヴィンダー・マーリ、クリストファー・サンドム、フランス・シェパース、イェンス＝クリスチャン・スヴェニング、フランス・ヴェラ、チャーリー・バレル、ダニエル・アレン、アラン・フェースト、サラ・キングに感謝します。そして、草稿をすべて読みたくさんの建設的な意見をくれたワウター・ヘルマーとリチャード・レイドル、各章の執筆のあいだ私たちをささえてくれた妻たち、スザンネ・シュミットとエミリー・ブライズに深く感謝します。

最後に。私たちが望むのは、この本がリワイルディングというアイデアを支える科学的概要を提供する役目を果たすこと、そして読んだ人たちが、どのようなかたちであれそれぞれに可能な方法で、この新しく野心的な保全アジェンダをさらに育てていこうという気になってくれることにほかなりません。

目次

凡例

・原注は傍注とした。
・［　］は訳注をあらわす。
・（　）は原文通りのものに加え、便宜的な補足にも使った。
・書名に関して、邦訳があるものはそちらを記載した。原タイトルは巻末の参考文献を参照されたい。

1 新しい地平

二十一世紀のいま私たちがたちあっているのは、自然の保全をめぐる科学と実践の、根本的な見直しだ。高揚もさせられるし動揺もさせられる、新しい考え方が出現しつつあるが、その発想の根源にあるのは、私たちの科学や文化や制度が、生態系の貧困化をこれまでいかに自明視してきてしまったか、という反省だ。この貧困化とは、「基線移行《シフティング・ベースライン》」症候群〔基準そのものが移動してゆくこと〕の結果にほかならない。つまり各世代が、自分が若いころに経験した自然をあたりまえのものとみなし、それ以前の世代がすでにひきおこしていた衰退や損害を、知らず知らずのうちにうけいれているわけだ。

一世代前のこと、一九九二年にリオデジャネイロで開催された地球サミットでは、生態学者や保全生物学者たちが、生物多様性の運命を、環境政策上の到達目標《アジェンダ》の筆頭に位置づけることに成功した。かれらの分野は、おおむね自然史、そして種のコミュニティの生態学という比較研究の伝統に根ざしていて、一九七〇年代の環境運動に見られたような、保護主義的世界観に強く影響されていた。自然の構成要素——種、場所《サイト》、生息域《ハビタット》——に焦点を合わせることは、自然を傷つけるばかりの人間のやり方から自然をまもることを目的とした、明確で強力な法律や政策というかたちをとった。自然を単位や構成要素という枠組で捉えることによって、生物多様性から見た目標の設定が可能になり、現場の経験にもとづく国際的な保全科学が発展することにもなった。

生物多様性の科学とそれが生みだした諸制度は、産業時代の初期にあった生態系こそ、保全されるべき自然のベースラインだと想定していた。この段階では、生物多様性を保護したり評価したりするのは、そのベースラインにもとづくのが適切だと考えられていたのだ。人口および資源需要の増大に直面するグローバル化世界において、急速に消滅しつつある多様でゆたかな自然を、熱帯雨林やアフリカのサバンナやヨーロッパの牧畜風景などがささえていた以上、それは直観的に正しいと思われたわけだ。

ミレニアムの変わり目［二〇〇〇年ごろ］までに、生物多様性の科学が確立され、影響力をもつようになった。しかし一九七〇年代のプログレッシヴ・ロックとおなじく、それはいささか自己目的化してしまい、科学や社会のさまざまな潮流との接点を見失っていったようだ。特に、生物多様性の衰退と、さしせまった第六の絶滅の危機についての物語が執拗に語られることが、気候変動に関する新たな不安とむすびついて、保全運動にはしだいに落胆がひろまった。多くの活動家が希望を失い、自然破壊に反対しつつ同時に自然の終わりの不毛な目録をつくるという営みに、このまま自分の人生とキャリアをささげていいのかと、疑問を抱くようになってしまったのだ。

やがて二〇〇五年と二〇〇六年に、代表的な科学雑誌である『サイエンス』と『ジ・アメリカン・ナチュラリスト』が、保全科学にとっての大胆な、新たなアジェンダを提案する、論文を掲載した。

第一の論文は「更新世公園――マンモスが生きる生態系の回復」と題されていた。そこでセルゲイ・ジモフが指摘したのは、一万年前までは北極圏の大部分が、大型《メガ》草食動物の巨大な群れによって形成・維持される、ステップ状の草原だったということだ。彼は、そうした草食動物は人間の狩猟圧によって絶滅した可能性があると指摘し、解けつつあるエドマ土壌（永久凍土）からの二酸化炭素排出を減らすための戦略として、マンモスが生きるステップ生態系の復元は可能だし、なされるべきだ、ということを主張した。第二の論文は、ジョシュ・ドンランひきいるアメリカの保全科学者のグループによって執筆された「更新世リワイルディング――二十一世紀における保全のための楽天的アジェンダ」だ。このグループが指摘したのは、大型脊椎動物は集団として複雑な食物網《フード・ウェブ》を生みだすが、その後の千年以上にわたる大陸全体でのメガファウナ（大型動物群）の減少によって、自然が劣化してしまったということだった。かれらは、現存する大型草食動物のギルド、*たとえばヘラジカ、バイソン、野生馬や、さらにはラクダのような異なる動物相地域からの導入種をも含めたギルドの再構築をつうじて、生態系の機能を回復するという道を提唱した。かれらが考えたのは、そうした生き残りの野生草食動物たちは、絶滅した数々の種が果たしていた「生態学的な仕事」をひきうけられるということ、そしてこの「リワイルディング」こそが、何もしないこと、ないしは一九七〇年代風の古くさくて失敗が明らかになりつつある保護主義的な手法よりも、すぐれた選択肢なのだ、ということだった。

＊ おなじ資源を利用する、あるいは別々の資源を相互に連関した方法で利用する、特定の草食動物種のグループのこと。

ふたたび音楽のたとえを持ち出すなら、それはまるで保全科学のシーンにパンク・ロックが登場したようなものだった。このふたつの論文がしめす道は、反抗的で、元気が出る、奇抜で、論争を呼ぶものだった。それらは現在にゆさぶりをかけようとする欲望のしるしであり、同時に新しく刺激にみちた未来をつくっていこうという意志をあらわしていた。この更新世（をベースラインとした）リワイルディングという考え方は、保全運動の中心にいた一部の人々からは、パンドラの箱を開けて「フランケンシュタイン的生態系」をつくろうという提案ではないかと、きびしく批判された。しかしそれでも、これら二論文の主張は「機能主義」と呼ばれる科学リフ［リフとはロックの演奏でくりかえされるメロディのこと］に新しい表現を与え、これがやがてリワイルディングの実践の、科学的根拠となった。

機能主義的アプローチは、ある生態系の生物学的・物理的な構成要素間の連結ぶり、そしてこれらの諸関係からあらわれる特性に、焦点を合わせる。機能主義的アプローチが前提としているのはチャールズ・ダーウィンの進化論であり、身体的・行動的な特性の進化をうながすのは生物と環境の相互作用だ、という洞察だった。特性というのは、たとえば捕食をのがれるための大きな体や目立たないように行動すること、あるいは草食動物に食べられないための針や棘による防御などのことだ。けれども機能生態学は、進化生物学を超えて、エネルギー・水・気体・栄養素・有機体の流れ――つまりひとつの生態系が機能する際に不可欠な、さまざまなプロセス――を生む、生態系の諸構成要素の役割を理解することをめざしている。

別の文化、別の大陸で書かれたふたつの論文だが、ジモフと、ドンランおよびその同僚たちは、おなじことをいっている。つまりメガファウナこそが、生態系の機能において突出して重要な役割を果たしているということであり、環境保全の地平をひろげ、その種がいることで生態学的な数々の相互作用のさざなみを波及効果としてもたらすような「機能的」な種を、復元すべきときがきているということだ。さらに人間の介入ではなく、それらの相互作用そのものに、自然システムがこれからたどってゆく道をゆだねようということだ。

二〇〇五年以後、リワイルディングについての科学的な記事や一般むけ読み物が爆発的にふえている。ところが二〇一九年のはじめ、科学者たちのある国際的グループが、この単語は曖昧になりすぎ、しっかりした科学的分析に必要な正確さを欠いているので、もう使うのをやめるべきだ、と主張する論文を出した。この意見はわからなくはないが、リワイルディングがすでにさまざまな文脈、異なった大陸での先駆的な環境保全の取り組み《イニシアティヴ》に、適用され、とりいれられているという事実を、見落としている。個々のプロジェクトの革新性の度合いは異なるものの、それらすべてが生態学的機能の回復を重視し、その過程とダイナミクス、そして生態系間の連動を、よりよく理解しようと主張しているのだ。

この本で、私たちはそのような考え方を、さらに追求してみたい。そして生態学の新しい洞察と先駆的なリワイルディング・プロジェクトの相互作用をめぐる理解を、さらにはそれがいかに強力な保全アジェンダと運動を形成することにつながるかを、しめしたいと思う。ここで「相互作用《インタラクション》」という用語をあえて使うのは、リワイルディングが、科学者たちと現場の保全専門家たちのネットワークとのあいだで交わされる、大いに有望な、新たな対話を意味しているからだ。かれらが協働することによって、生態系の回復と社会の変革をめざす、真の革新がすすめられるにちがいない。

みずからの意志をもつ自然

リワイルディングが潜在的にもつ力と、生物多様性の複数のベースラインという考え方を理解するために、次の章では、オーロックス（家畜牛の祖先）とマンモスが歩きまわり、サーベルタイガー「剣歯虎」が獲物を求めてうろついていた、更新世の時代について考えてゆきたい。しかし、ありうる多彩な未来の姿を描きだすべく、生命力にみちた過去の生態系を探求するまえに、リワイルディングの歴史を簡単にふりかえり、そのもともとの提案者たちの着想を明らかにしておくことにしよう。

リワイルディングという用語は、デイヴ・フォアマンがひきいるアメリカの保全生物学者のグループによって一九九〇年代半ばにつくられたもので、ウィルダネスとディープ・エコロジーの哲学に影響をうけていた。かれらはリワイルディングを、自己調整する土地ごとの生物コミュニティを復活させるための、大陸全体にわたるアジェンダとして提案したのだった。めざすところは、大規模なウィルダネス複合体の創出、そして捕食の頂点に位置する動物（典型的な例はイエローストーン国立公園のオオカミ）の個体数増加の支援で、これによりトップダウン型の栄養《トロフィック》*移行の制御を回復することにある。これがリワイルディングの３Ｃ（コア、回廊《コリダー》、肉食獣《カーニヴォア》）モデルとして知られるようになった「コアとは多種共存のために保護された地域をさす」。アメリカでの動きとは別に、オランダは一九八〇年代に「自然の自己展開《ネイチャー・デイヴェロップメント》」と名づけられたラディカルで新しい保全・回復アジェンダに着手した。これはいうまでもなく、アメリカにおけるリワイルディングのアジェンダに似ている。具体的にいえば、残された自然区域をむすびつけるための生態系ネットワークの創出、そして「みずからの意志をもつ」自然を各地につくりだすということだ――つまりは、ヨーロッパの多くの自然保護区《リザーヴ》で不可欠の持続的な強い管理がなくても、みずから機能し進化してゆくような生態系をさしている。

ネイチャー・ディヴェロップメントという政策の触媒となったのは、アムステルダムの北東約20マイルにあるオーストファールテルスプラッセン（ＯＶＰ）における、自然回復のためのラディカルな実験だった。これは、フランス・ヴェラひきいるオランダの自然保護機関（Staatsbosbeheer）に所属する、革新的な生態学者たちのグループが着想したものだ。ヴェラをはじめとする研究者たちは、フレデリック・クレメンツが一九三六年に考案した「極相《クライマックス》」植生を前提とする生態系モデル（35ページ参照）のような、それまでの伝統的モデルを捨てることにしたのだ。広い地域での生物多様性の衰退に対処するために、ヴェラと共同研究者たちは、自然を再建するための新しい方法を、それまでのヨーロッパのどの試みよりも大規模に、大きな意志をもって、追求することにした。ＯＶＰの実験では、「野生化」されたウマやウシ、アカシカといった大型草食動物のギルドが再導入され、まるでアフリカのセレンゲティを思わせる草原の風景がつくりだされた。結果は驚くべきものだった。鳥や小型哺乳類の個体数が回復したのみならず、個体数は保護区内での「ブームと破滅」のサイクル［増大の後、その数が維持できなくなる］も見せてくれた。これが、保護区の境界を超えて、より広範囲にさまざまな種が分散するという結果をもたらした。ＯＶＰに生まれた新しい生態系は、生態科学の基

＊「栄養移行」という用語は、食う食われるという食物網による、植生と動物のあいだのエネルギー伝達をさす。

本的な信条と、ヨーロッパの「自然な」植生は閉鎖樹冠森林であるという思い込みに、異議をとなえるものとなった。それはリワイルディングという思想の実例を求める自然志向の人々をひきつけた(その思想の起源と重要性については第4章で詳しく述べる)。しかしOVPは、きびしい冬にウシやウマたちを飢えるにまかせるのは残酷でとても正当化できないと考える、農民や市民たちからの批判を呼んでもいる。

こうしてこのヨーロッパ型リワイルディングは、一般にもともとのアメリカ・モデルよりも、さらにラディカルかつ衝撃的なものだとみなされるようになっている。それは生態学的・文化的にいって、かつてなく斬新で、既存の法律・政策・社会規範からはずれた自然区域を生みだしつつあるのだ。自然な「生命サイクル」は、ほとんどのヨーロッパ人の日々の経験からはとうの昔に姿を消していて、長い年月のあいだに一連の二分法が、ヨーロッパの風景・想像力・制度を形成し、秩序づけてきた。野生/飼育、自然/耕作、人間的/非人間的といった二分法のことだ。ヨーロッパのリワイルディングはこれらの境界をゆるがせ、ぼやけさせることにより、政治的であり、かつ実際に変革をもたらしうるものとなっている。

リワイルディングは北アメリカとヨーロッパだけのものではない。リワイルディングの取り組みは、すべての大陸、さらにはいくつかの島国でも試みられている。たとえばモーリシャスでは、固有種のゾウガメの「分類群《タクソン》*代替種」として非固有種の陸ガメ数種の導入に成功した。モーリシャスではゾウガメの消滅が、生態系の機能不全と土着の野生生物の消失をもたらしていた。あるいは独立をめざす反アパルトヘイト闘争の期間にほとんど一掃されてしまった、南アフリカにおけるアフリカ南部野生動物種の回復を、限定的な意味ではあるがリワイルディングだと考える人もいる。土地所有者がその土地の野生生物の所有権を主張することを許す政策によって、経営難に陥った農場が私設の狩猟区になるという大規模な転換がおこり、その結果、サファリ・ツーリズムと狩猟と野生動物肉の生産が一体となって、活気のある野生動物経済が生まれた。

過去の自然ベースラインをまもるだけでなく、新しく健康な野生の場所を回復することをめざせるなら、自然保護自体が革新され、新たな哲学を推進できる。多くの人にとってリワイルディングは、力づけられる、希望にみちた、野心的な、新しくて補完的な保全アジェンダとなる。二十世紀の保全科学と実践は、各地の重要な自然区域を保護し、さまざまな種の絶滅を回避するために、多くをおこなってきた。リワイルディングは、それらの成功を足がかりにして、自然区域において大きな役割を果たす種を再導入し、荒廃した土地を活力ある新しい自然資産にまで回復する。

多くの先駆的なリワイルダー［リワイルディング論者・実践者］たちは、自然そのものがもつ回復力をとりいれることで、田舎の人口減少、土壌劣化、公衆衛生、気候変動といった現代の社会的・経済的・環境的課題に対する、自然を基盤にした解決策を探ろうとしている。実践記録と科学的証拠が蓄積されるにつれ、リワイルディングが自然治水、炭素隔離、侵入種の制御、自然にもとづく経済、公衆衛生に、役立つ可能性が明らかになってきた。ヨーロッパの主要なリワイルダー数名は、リワイルディングが、より野生的な自然と現代社会をふたたびむすびあわせることにもなると信じている。か

＊ 近縁種であるとされる生物グループのこと。

れらは自然のことを、現代の社会＝経済的諸問題を解決するための、仲間だと考えているのだ。本書の後半では、この可能性の実例でもあり、生態学的回復の応用科学をつくりあげつつもある、いくつかの先駆的なリワイルディング計画の例を見てゆこう。

義務としての自然保護から、リワイルディング的アプローチに立った自然回復へ。こんな物語《ナラティヴ》の変化は、政策立案者、思想的リーダー、投資家たちの関心を集めている。これから見てゆくように、いくつもの主要な生態学研究グループが、テクノロジーの飛躍的な発展にささえられて、この課題に挑もうとしている。また政策立案者たちは、新しい統合的生態系を試み、それを実際に発展させられるような空間を、創出しはじめている。

リワイルディングの科学は、わくわくさせられるものだ——そしてそれは、いままさに現在進行形で生まれている。科学的な定義としてはまだ合意に達していないものの、リワイルディングが食物網と、自然本来の乱れや分散を回復することを目的としたものであること、それらの生態学的プロセス間の相互作用が、複雑で自己組織的な生態系を育ててゆくものだということについては、共通認識ができつつある。この科学をラディカルなものにしているのは、革新的な保全活動家たちによって今ひらかれている生態回復への新しいアプローチとの、相互作用だ。この交流によって、保全運動のほうも、新しい目的・野心・自信を獲得しつつあるし、地球の生物圏《バイオスフィア》をすべての生命、人間と非人間のために回復しようとする、二十一世紀型環境運動としての、前向きで肯定的な見通しを得つつある。

リワイルディングの科学の基盤にあるのは、メガファウナの役割についての新しい認識だろう。メガファウナこそ、生物多様性と豊富な個体数が生じる条件をつくりだすものなのだ。リワイルディング科学をめぐるこの話題からはじまる本書の最初のふたつの章は、草地と大型草食動物がどのように共進化し、樹木の植生と相互に作用してゆたかな微小生息域《マイクロハビタット》の数々を生みだしたか、そしてその後の何千年にもわたって、私たちヒトの祖先たちがいかにメガファウナの絶滅をひきおこし、ついで風景を秩序づけ単純なものにすることで、自然を貧弱化してしまったかを探る。この洞察にもとづいて、私たちは四つの先駆的なリワイルディングのプロジェクト（いましがたふれたものを含む）を検討する。そのどれもが、絶滅危惧種や生息域ばかりに焦点を合わせる考え方を脱却し、大型動物と生態系のあいだの動的相互作用の回復をめざす実験をおこなっている。つづくふたつの章では、メガファウナ、植生、そして自然の攪乱のあいだの相互作用が、生態系の拡大と多様化をもたらすようす、そしてメガファウナの絶滅が、大陸規模・惑星規模での生態系の作動といかにつながっているかということについての、生態学の最新の考え方を紹介する。さらにこの本の最後の部分では、リワイルディングの倫理的・政治的・実践的な側面を考え、現実世界での活動がいかに複雑なものかを見てゆく。その上で、これからの議論や話し合いの手がかりとなることを願いつつ、リワイルディングの将来の方向性についての10の予測をおこなって、本書をしめくくりたいと考えている。

＊

2　メガファウナ［大型動物群］がいた過去

地球の自然区域について考えてみるとき、すぐに思い浮かぶのは大洋、氷冠、砂漠、熱帯雨林、温帯林といった風景ではないだろうか。アフリカのサバンナ、アジアのステップ、アメリカのプレーリー［いずれも大草原］を想像する人もいるかもしれないが、高山や極圏といったきびしい気候条件の場所を除いて、陸地では樹木こそ自然の植生だというのが一般的な見方だ。しかし古生態学が、地球の陸と海には何百万年にもわたってたくさんのメガファウナ（体重40キロ以上の大型動物）が生きていたことを明らかにするにつれて、この見解は変わりつつある。

陸上では、大型草食動物が草や棘のある低木林と共進化し、地球の広大な領域を覆っていた。これらの草地生態系は、ゆたかで多様な自然を生みだすさまざまな微小生息域《マイクロハビタット》を特徴としていた。ついで一万年から三万年前、ヒトの先史時代に、この惑星の生態系に何か劇的なことがおきた。メガファウナは地球の大きな部分から姿を消し、多くの種が絶滅した。メガファウナが姿を消すと、多くの陸上生態系が草地から低木林へと移行し、完新世の終わり（約一万年前）までには、異なる生息域、多くの場合、より木々の多い生息域に変わっていった。アメリカの大草原やインドシナ半島のサバンナなどの草地生態系の一部は、二十世紀にも生き残っていた。そしてアフリカのサバンナは、たえまない脅威にさらされてはいるものの、ありがたいことにまだ私たちとともにある。

それ以外の場所では、ウシやヤギの飼育や放牧が、単純ではあるが生物多様性にみちた草地と、森林＝牧草地の生態系を維持していた。しかし集約的な家畜飼育・土地の放棄・過疎化が低地において生じた結果、それらの生態系は急激に衰退した。概して地球の陸の生態系は、森林＝牧草地のグラデーションの、極限にむかって移行した。すなわち、生産性の低い土地は放棄されて木々に覆われ、生産性の高い肥沃な土地はきびしく管理された草地ないしは農地になったのだ。その結果、自然の草地も、それから低木林や森林へといたるグラデーションのすべても、危機に瀕している。リワイルディングとはひとつには、そうした草地や低木林や森林、およびそれらが生みだす生態学的なゆたかさを、回復することなのだ。

これに似た現象は、新たな海域と海洋資源――クジラ、アザラシ、カメ、魚――を求めて船が各地の大洋に進出し、搾取してきた、過去五世紀の海洋環境でも生じている。海洋生態系に生きるメガファウナの大規模な減少がいかなる影響をおよぼすかは、陸域生態系と比べてあまりよく理解されていないし細部もわかっていないが、クジラなどいくつかの種が、生態系の機能と地球のシステムに重要な影響をもつことが知られている。私たちは第6章で大型草食動物と海洋動物の両方について、これらの現象をさらに探求する。しかしまずは、大型草食動物と草地が共進化したという見方と、草地・低木林地・森林地帯のさまざまな組み合わせ（モザイク）がかつて何千年にもわたって地球の広大な土地を覆っていたという見方を、裏づける証拠をしめす必要がある。説明するのは至難の業だが、努力する価値はある。そうすることで、リワイルディングによって何が可能になるかについての魅力的な見通しを提供し、社会的・生態学的な「よいありかた《ウエル・ビーイング》」および生物多様性を測定するための潜在的なベースラインをしめすことができるからだ。

草地の証拠

地球をまもり、たちなおらせる方法を考えるとき、私たちのほとんどは、おそらく草ではなく木を想像する。草はどういうわけか、人間が手なずけているもののように見えてしまうのだ。私たちが知っている草というと、運動場、芝生、牧草地、あるいは広大な小麦畑だ。なんということもない草が、地球のもっとも生産的な生態系の基礎にあり、そんな生態系こそ私たちが復元してリワイルディングしうるものだという事実は、容易に見過ごされる。しかし植物生態学、古生物学、進化学の各分野が融合するにつれて、多くの科学者が、まさにこのことを考えはじめている。

技術の進歩により、過去の生態系と、動植物が時とともにいかに進化するかを、分析し理解する力もどんどん進歩している。最近まで、ある地域の自然植生は、気候・地形・緯度（実際には気温と日光）のあいだの相互作用の結果だというのが、一般的な見方だった。しかしこの考えは現在、大型草食動物が草を食べ、生態系を攪乱することで、ある地域の自然植生の形成に大きな役割を果たしていたという証拠が蓄積されるにつれて、見直されつつある。この新しい洞察こそ、リワイルディングの科学の重要な柱であり、かつては広く見られた大型草食動物種の混住状態を再構築しようとする努力の中心にあるものなのだ。これについては、第8章でさらに詳しく述べる。

生態系研究の多くの分野で、科学者たちはプロキシ（代理）あるいはマーカー（指標）を使用して生態系の全体像をえがきだす。長期生態学者（過去のシステムを再構成しようとする人々）は伝統的に、過去の植生構成の指標として、花粉と放射性炭素年代測定（炭素14法）を使ってきた。花粉のつぶは、たとえば何千年もの堆積物がたまっている湖などから採取された堆積物のコアに、数千年にわたり消えずに残っている。炭素14法は、コアのさまざまな堆積物の年代を正確に測定し、それによって植生の歴史を構成することを可能にする。とはいえ近年、草の花粉は木本植物の花粉より脆いということ、その結果、草の花粉は木の花粉のようにはコアに残らないということがわかってきた。いいかえるなら花粉記録は過去における木々の植生の証拠は提供してくれるものの、ある生物群系《バイオーム》*や地域の全般的な植生構成を教えてくれるわけではないのだ。

顕微鏡技術の進歩により、科学者たちはもうひとつの指標を手にした。フィトリス（プラント・オパール）と呼ばれる小さなシリカ粒子がそれで、草の葉の支持構造をつくりだすセルロースを形成するものだ。プラント・オパールは、一千倍を超える倍率でやっと判別できる微化石だ。それらは花粉や骨よりも長く残る傾向があり、花粉のようにあちこちへとふきとばされることもない。さらにそれぞれかたちが異なるため、プラント・オパールから、植物のさまざまな属を識別することが可能なのだ。こうして新しく研究道具が追加されたことで、科学者たちは過去の生態系における草と木の植生の相関的なゆたかさについて、より明確に把握し、時間の経過にともなう植生の変化を理解することができるようになった。

化石土壌と動物の化石の歯の研究を通じて、森林から草原へのバランスの移行をしめす、他の証拠もあらわれている。のちほど見るように、草はマットのようにからみあった根の構造をつくりあげ、それは環形動物や土壌微生物と相互に作用して、暗い色をした有機質の土をつくりだした。これらはモリック表層とよばれる特別な土壌層を形成するため、研究者は他の要因と組み合わせて、過去の生態系を特定し、その年代を知ることができる。化石の歯の摩耗をしらべることは、古代の草食動物たちが(少なくともその生涯の終わりに)食べていた、広範なタイプの植生を理解するための手段になる。

これらのテクニックがもつ力は、化石哺乳類、植物、そして無脊椎動物の大規模なデータベースの発展によって、いっそう強化される(特に無脊椎動物のデータベースは近年拡大しつつある)。これらのデータベースにより、科学者たちはサンプル土壌にふくまれる種をより容易に識別し、種のあいだの関連を見抜き、進化系統樹を構築し、植生や動物が突然または急激に変化した年代をつきとめることができるのだ。科学の道具箱にいちばん新しく追加されたのは、古代DNAだ。強力なコンピュータ・プログラムによってDNAの小さな断片の数々を連鎖として構築し、既知の種の遺伝子配列の参照用コレクションと比較する。さらには水系など特定の環境についてさえも、比較可能だ。新しい技術がしめしてくれる過去の姿は、草地の草食動物のシステムが、かつてはいまよりもはるかに広がっていたこと、したがってこれこそ地球にとって「自然な」状況であることをしめすのに十分なものだ。こうしたテクニックが向上しつづけるにつれて、私たちにとっての一万五千年前の生態系の姿の解像度も向上し、物語はさらに興味をそそるものになるだろう。

＊ サバンナや森林といった主要生息域それぞれで自然発生する、大きな多種コミュニティのこと。

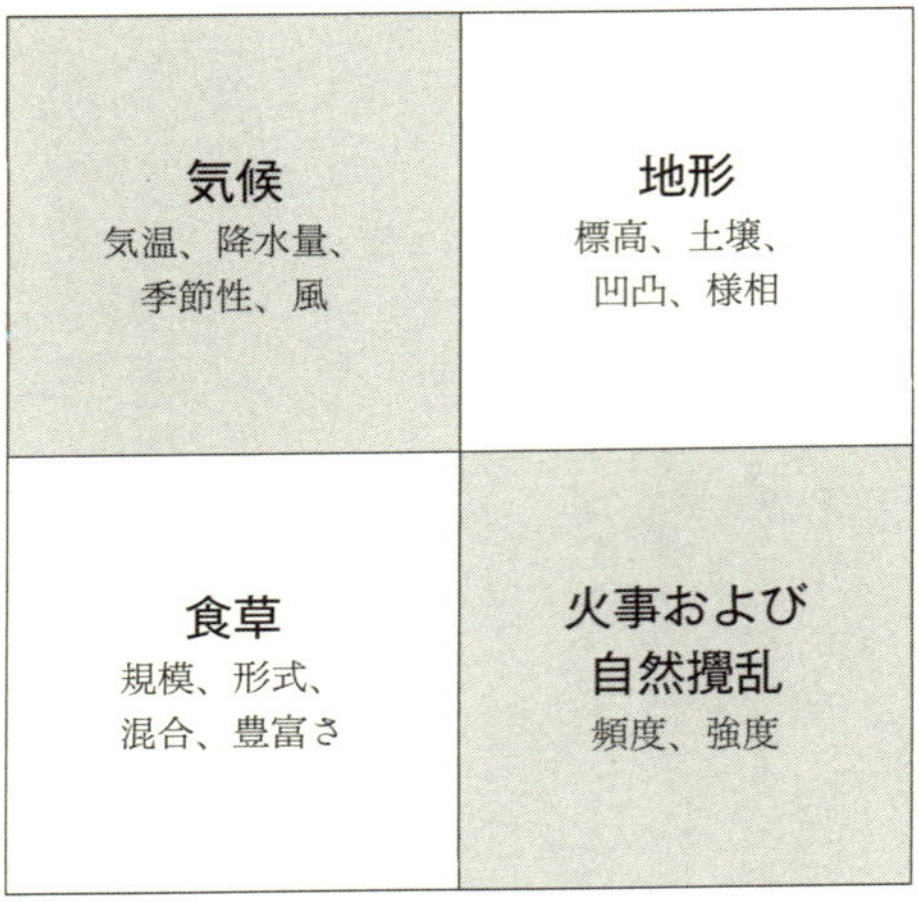

気候 気温、降水量、 季節性、風	**地形** 標高、土壌、 凹凸、様相
食草 規模、形式、 混合、豊富さ	**火事および 自然攪乱** 頻度、強度

図1　植生において草と樹木のいずれが優勢になるかに影響を与える諸要因

草地の起源

リワイルディングの科学を理解するのに、草地の進化についてのごく詳細な部分にまでたちいる必要はない。けれども、草地とメガファウナの進化に寄与した、相互作用する要因は、理解しておく必要があるだろう（図1参照）。なぜなら草地＝メガファウナが原動力となって、動植物にみちた多様な生態系を生じさせるからだ。リワイルディングが逆転させようとするのは、それにつづいておきたこうした相互作用の終焉、人為化・単純化だ。

六千五百万年前に恐竜が姿を消したあと、木本植物は繁栄する機会を得た。古生物学者たちは、恐竜絶滅後の世界を「温室」と表現している。気候が暖かく湿潤で、安定していて、木や低木を食べたり踏みつけたりする巨大な恐竜がいなかった時代だ。恐竜絶滅後の数百万年のあいだ、木々が地球を支配した。しかし時間の経過とともにさまざまな形態の草地が、大きな気候的・周期的攪乱イベント（たとえば極端な気温変化、山火事、地滑り、川の進路変更、噴火による火山灰の降下、洪水、旱ばつ、サイクロン、砂嵐など）によって、土地ごとに生まれた。草はリグニンすなわち堅い細胞壁の形成を可能にして木と樹皮をつくりだす化合物を、欠いている。その代わり、草はセルロースを用いて構造を形成する。セルロースはリグニンよりも弱い化合物だが、細胞壁の中で結合するのが早い。その結果、草は木よりも速く成長することができ、枝分かれする成長形態ではなく広がりを、深い根ではなく浅い根を発達させた。これにより、草は極端な気象や頻繁な攪乱にさらされやすい土地でも、成長することができるのだ。

草の興隆

およそ四千万年前、私たちの惑星は大規模な地質学的活動の時代に入った。大陸は再形成と衝突を開始し、山脈、高原、火山をおしあげた。これらのプロセスは不安定な山々、広大な吹きさらしの平原、そして巨大な新しい水系を生みだした。こうした新しい地形は季節のパターンを変え、すずしい気候をもたらした。地球の歴史におけるこの激動期は、草が進化し生いしげるための条件をつくりだした。草は、なんらかの激変によって木本植物がなくなった新たな土地に、すぐさま進出した。しかし、草の長く乾燥した茎は、落雷によって簡単に発火する。そのため草は種子をすばやく生産し、それらの種子にたよって熱に耐え、やがてふたたび成長するという途《みち》をえらんだ。雷のない地域では、枯れ草の茎でできたマットが避難所にも栄養分にもなることで、木本植物が足場をとりもどし、攪乱されて土地をふたたびコロニー化することになった。そのような土地の多くは気候が非常に不安定だったり風が強かったりするため、成長の速い一年草では十分な種子を生産できず、数を戻すことができなかった。これらの地域では、草はもじゃもじゃとした根を進化させ、踏みつけられたり埋められたりすることに対する復元力をもった。根の中に栄養をたくわえることで、攪乱状態がそれほど深刻ではない場所に、新しく芽を出すことができた。今日では多年草と呼ばれるそれらの草は、葉が燃えたり食べられたりするのにも耐えることができるため、より安定した地形にまでひろがった。

攪乱を別とすれば、草地の拡大の大きな要因は、いわゆるC４型の草における新しい光合成経路の進化だった。光合成とは、太陽エネルギーを使って水と二酸化炭素が単糖に変換されるプロセスだ。およそ二千五百万年前までは、三つの炭素原子をもつ初期段階の分子を生成することができるというのが、すべての植物の光合成経路だった。しかしある種の草は、４原子分子に炭素を固定するという、もっと効率のいい経路を進化させた。この経路は大気中の炭素レベルが低いことへの応答であった可能性があり、少なくとも九回は、段階的に進化した。これらC４型の草の進化は、より温暖で湿潤な地域で約八百万年から五百万年前にかけて加速した。C４型の草はすばやく嵩をまして苗木との競合に勝つため、全地球的な草地の拡大をひきおこすことになった。木の葉を食べる草食哺乳動物たちは、この変化に反応し、C４とC３両方の草をはむように進化し、地球の歴史における生態学的な変化と多様化のもっとも重要な時期のひとつを予告したのだった。

草食動物の進化

小型哺乳類は、恐竜を絶滅させた小惑星の衝突につづく黙示録的な状況を、よく生き延びた。大変動をもたらしたこの出来事のあとの数百万年以上のあいだ、哺乳類の種の多様性は、木々の植生が回復してひろがるとともに増大した。多くの樹種は、哺乳類が食べるのを誘う大きくて栄養価の高い種子や果実を進化させ、哺乳類の糞によって種子を分布させた。この関係については、第6章でメガファウナの絶滅の地球システムへの影響をめぐる新しい科学を検討するさいに、ふたたびとり上げよう。植物が、哺乳類を使って移動する戦略を進化させていたのとちょうどおなじように、哺乳類は木々の植生の中で、より柔らかい葉っぱや小枝を食べる能力を進化させていた。しかしここで特定の哺乳類のグループが、四千万年前にはじまる、草地の拡大を利用する三つの技術革新《イノヴェーション》的進化をおこしたことを指摘しておこう。すなわち、長い鼻、反芻能力（草を体内で発酵させる能力）、そして研磨性のシリカ粒子（すでにふれた草の葉のグラス・オパールのこと）に対処できる歯列の形成だ。

長鼻目——長い鼻をもつ哺乳類

ゾウの鼻はほんとうに驚くべき器官だ。力と器用さ、敏感さがあるし、植物をつかみ、不要な夾雑物や汚れをとりのぞき、物をまるめて口に入れるのに、最適だ。現代のゾウの祖先は、五千八百万年から三千八百万年前の始新世と暁新世の時代に生きていたが、体高は1メートル未満で、上唇が長くなっているだけだった。この並外れた哺乳類の目の学名「長鼻目《プロボスキデア》」の由来である長い鼻は、時間の経過とともにゆっくりと進化したが、草地の広がりに応じて、ゾウがアフリカという起源の土地の外へと散らばるにつれ、進化は加速した。

ゾウはもともと高い場所にある草木を食べる草食動物《ブラウザー》であり、そこまで長くない鼻を使って葉のしげった枝をひきさげて折っていたのだが、草地がひろがるにつれて、草をはむ《グレイジング》戦略に移行した。ゾウの器用な鼻は草の塊を簡単につかめたため、ゾウたちは樹木が高くて手ごわい森よりも、ひらけた草地でのほうが、手早く食べることができた。ゾウは消化力が弱く、とりいれた植物の半分は消化されずに出てくるため、これは重要な適応だった。化石記録は、いろいろなかたちをした鼻の急激な増加と、森に住んでいた祖先たちとは異なる歯列をもつ草食動物の出現をしめしている。長鼻目の多様性は、およそ八百万年から一千万年前に最高に達し、六つの異なる科の百二十以上の種が、地表を歩きまわった。しかし種の数は三百万年から七百万年前に急激に減少した。ある学説によれば、これはゾウ科の知性が向上し新しい行動適応が生じたことによるものだったという。ゾウはより広範な環境に住み、他の柔軟性の乏しい長鼻目種を打ち負かした可能性があるのだ。

草原とゾウとは、ぴったり適合していた。ゾウは木々をなぎ倒し、樹皮を剥ぎ、消費し、それによってひらけた草地をつくり、維持する。アフリカでは、木が生えたサバンナの生態系にゾウの群れがおよぼす影響を心配し、草と林地のバランスを維持しようと、ゾウの間引きをおこなっている国もある。

反芻動物

初期の長鼻目は、植物の消化のむずかしさに対処するためにその消費量をふやすという戦略を進化させていたが、別の哺乳類のグループは、まったく異なるアプローチをとった。そのアプローチとは、微生物を利用して植物細胞のセルロース壁を破壊し、さらに微生物によって内部の栄養素を腸で吸収可能な脂肪酸に変換することだった。もちろん私たち人間は、食べた植物から栄養素を抽出することができる。植物が口と胃を通過するとき、それを小さな断片に分解し、大腸内の微生物に処理させることができるのだ。ヒトはゾウよりも植物の消化にすぐれているものの、反芻動物にはとてもおよばない。多くの文化で、野菜を発酵させて栄養価を高める技法が開発されてきた。たとえば、ドイツのザワークラウトや韓国のキムチはよく知られている。しかし反芻動物は、発酵を体内でおこなうための器官・消化器系を発達させてきた。ウシは大きく丸くて重い体型をしているが、それはかれらが、いわば歩く発酵槽だからだ。

ゾウとおなじく、最初の反芻動物は約五千万年前に森林で進化した。それらは小さく雑食性で、おそらく原始的なマメジカとよく似たものだった。マメジカとはいまなおマレーシアの熱帯雨林に生息するネズミジカのような、小型で雑食のシカだ。かれらは、反芻胃と呼ばれる複数の小室を備えた前胃を進化させ、そこにバクテリア、真菌、原生動物など、嫌気性の条件下でセルロースを分解できる、微生物群を住まわせている。この前胃が、双方向の消化システムを可能にする。ほとんどの哺乳類の場合のように食物が一方向に進むのではない。反芻動物は食物を吐きだすことができ、吐きもどした食物をさらにかんで、発酵槽へと返すことができるのだ。

すでに見たように、最初の反芻動物は森林に住んでいて、双子葉植物（ふたつの子葉をもち、枝分かれした葉と根の構造をもつ植物で、草などの単子葉植物とは対照的なもの）を食べた。この古くて大きくひろがっている植物のグループは、昆虫からの望ましくない注目をしりぞけるための、化学的防御法を進化させてきた。反芻動物はこれに対処するため、そのような化学物質を分解できる大きな肝臓を進化させ、より若くより繊細な葉を探して移動しながら食べるという戦略を採用した。この移動生活は、反芻胃《ルーメン》の大きさに制約を課した。シカ、ヘラジカ、カモシカ、キリン、クーズーはすべて、この「ひづめをもつ発酵」モデルの現代における例だ。

草地が拡大するにつれ、反芻動物はその草を食べるようになったのだが、虫除けのための化学物質の不在、多くの木本植物に含まれる硬いリグニンの不在は、かれらにとって有利にはたらいた。すでに述べたように、草に構造を与えるセルロースの細胞壁は壊れにくい。しかしこの草という、広範にあり、近づきやすく、木よりも口当たりのよい食料源は、より大きくより複雑な発酵槽をそなえた、ウシやヒツジといった哺乳類のニュー・ウェイヴの進化をひきおこした。より小さな肝臓とより大きく効率的な反芻胃によって、これらの動物はセルロース含有量の高い、より古い種類の背の高い草を処理することができた——農学者たちが「粗い草食《ラフ・グレイジング》」と呼ぶ行動だ。この独特の反芻形態こそ、シカではなく、ウシとヒツジが完全に家畜化されたことの理由だ。ウシやヒツジのほうが、囲われた空間に住んで干し草を食べるのに、より適しているということだ。

長冠歯——耐摩耗性の歯をもつ哺乳類

ゾウと反芻動物には、既存の適応（原始的な鼻と前胃）があった。それで草の食餌にきりかえ、草地の拡大とともに分散し進化することが可能になった。つづく三番目の身体的適応は、草地の拡大への迅速な反応として現れた。長冠歯と呼ばれるものがそれで、ウマやサイの特徴だが、反芻動物のウシ、シカ、さらには南アメリカに存在した巨大な地上性のナマケモノにも見られた。プラント・オパールの研究のおかげで、長冠歯が草地の拡大の前ではなく後に進化し、その約四百万年後の化石記録において一般的になったと、科学者たちは結論することができた。

長冠歯とは、化石の顎を研究する考古学者たちが特定した、歯列パターンのことだ。歯茎からずっと上に伸びる、厚いエナメル質をそなえた冠状の歯をさしている。すでに見たように、それは何度も進化したが、北アメリカのグレートプレーンズ［大草原地帯］におけるウマの進化をめぐる科学的証拠が、もっとも完全なものだ。長冠歯は、シリカが豊富で研磨性のある草や、露出した高原・ステップ・平原の環境で風に運ばれてきて草を覆っている砂埃や塵に対処するための、適応であると理解されている。

長冠歯をもつ草食動物《グレイザー》には、生涯にわたって摂餌上の利点がある。長冠歯はプラント・オパールと砂による歯の摩耗の問題を長期にわたって解決し、より効率的で強力な咀嚼を可能にするのだ。よく咀嚼して植物を断片化することで、後腸での微生物消化が、より効果的なものとなる。

捕食動物は、草食動物を森から草地へと追いたてた。草地というよりひろびろと露出した生息域で、草食動物は速度、大きさ、角、枝角、カムフラージュなどの捕食者に対する防御と、群れ行動を進化させた。

草地＝メガファウナの生物群系

約二千万年前に本格的にはじまった草地と大型草食動物の台頭は、各地の植生を形成し、気候および地形とともに、新たな圧力となった。草を食べたり、若い木の葉を食べたり、木を倒して踏みつけたりする能力をもつ哺乳類の台頭により、草地が優勢となる地域が拡大した。草食動物が草をはむことによる圧力は草地を維持し、多様化し、拡大した。牧草地は、植生構造の第三の主要な決定要因とも相互作用した――火だ。とりわけ土壌が貧困で食べられる草が少ない場所では、乾燥して燃えやすいバイオマスが溜まることになった。

五万年から七万年前に現生人類がアフリカからの移動をはじめるまでに、草地＝メガファウナの生物群系《バイオーム》は、地球上の広大な土地を覆っていた。気温が低く降水量が少ない地域、または季節性が強い地域では、森林が打ち負かされたのだ。二〇〇五年、南アフリカの生態学者ウィリアム・ボンドは、ひろく信じられている「緑の世界」仮説をきりくずすことに挑んだ。世界の大きな部分が、緑色ではなく茶色または黒色だったというのだ。ボンドの考える「多色」的世界観では、あらゆる地域の植生コミュニティが、それぞれの歴史、規模、異なるタイプの制御に応じて想定される、三つの生態系の要素をもっているのではないか、とされる。つまり、利用可能な資源（緑色の部分）、草食動物（茶色の部分）、火（黒色の部分）だ。それらの相互作用が、生物が進化し繁栄するための多数のニッチ［生態学的地位］をそなえた、多様で動的な地球生態系を生みだした。私たちの惑星は、こうして活気と生命にみちた。

多色の世界観や草地＝メガファウナ系の共進化を支持する証拠は、何十年もまえから見つかっているが、それは植物生態学や哺乳類の進化学・分類学といった専門分野内にとどまったままだった。技術の進歩によって蓄積されるデータの量が増え、科学者たちが他分野の論文を読みやすくなったのは、ごく最近のことだ。これにより、多くの競合する見解が解決され、過去についてのより明確なイメージがつくりだされた。こうして、森林こそ地球の「自然植生」であるという、保全科学者・政策立案者・市民たちの多くが共有している見解は、疑問視されようとしている。それはまたこれまでの、自然の保護・回復のための全地球的努力においては木のバイオーム、とりわけ温かく湿潤で安定した条件によって無数の生物が進化することができた熱帯でのそれにまず注目すべきだという見方にも、疑問をつきつけている。

リワイルディングの科学と実践は、こうしてより明確に見えてきた、地球の生態学的な歴史が意味することを、いかに受けとめるかにかかっている。次の章では、ヒトが草地＝メガファウナ系に与えた影響を探る。そして草食動物と植生の相互作用について、また生物の多様性と豊富さを生みだしたメカニズムについて、詳しく見てゆくことにしよう。

3　地球の劣悪化

草地と草食動物の共進化によって生まれたのは、これまで地上を歩いた中でもっとも印象的な哺乳動物の数種だった。ウマ、ラクダ、バイソンに加え、毛長マンモスとマストドン、大きな地上性ナマケモノ、巨大なアナホリアルマジロ、そして名高いサーベルタイガーだ。前章では、草をはむ草食動物が、森林への遷移をおさえるようすを述べた。実際、草食動物の台頭が、多様な植生モザイクを生みだしたのだ。食べられない草本植物、棘のある茂み、成長の速い木々は、すべて草食動物からの影響に抵抗するか、それに打ち勝つための進化だった。サーベルタイガーやホラアナライオンなどの捕食動物は、これらの草食動物を餌とするように進化し、草食圧のパターンと強さに影響をおよぼした。同様に、土壌の栄養と気候のあいだの相互作用は、草の植生と木の植生のバランスと分布に、さらに影響をおよぼした。

更新世の温暖期の世界を鳥瞰すれば、草原・低木林・木立・森林の、むらのあるモザイクが見えてくるだろう。マンモス、ラクダ、リャマ、ウマの群れが視界に入ってくるが、巨大ナマケモノやゴンフォセレ（ゾウの仲間）など、森林地帯の端に沿った木々の葉をおとなしく食べている、社会性の低い大型動物も見えてきたはずだ。ズーム・インするなら、空中にいる観察者は、無数の小さな種を見ることになる。更新世のメガファウナは、ダニ、寄生虫、スカベンジャー、分解者をもふくめた、独自の生態系をささえた。絶えまなく草をはみ、擦り切れさせ、踏みつけ、排便することにより、かれらは他の動植物が生活し進化するための、さまざまなニッチを生みだしたのだ。

消滅

それから、何かがおきた。約十三万年前に、メガファウナが絶滅しはじめたのだ。現在わかっている化石記録によると、既知の哺乳類のメガファウナ二百九十四種のうち百七十七種が、そのころから千年前までに姿を消した。化石記録において、絶滅とはよくある出来事だが、通常、消滅した種は、同様のニッチを占めるように適応した別の種に置き換わる。ダーウィン進化論の鍵概念は、より適した種が進化して既存の種に取って代わる「置き換え種」という考えだ。しかしメガファウナの絶滅はちがう。絶滅は比較的最近におこったことであり、メガファウナの座を奪ったり、空いているニッチを埋めたりする、新しい種や同等の種は存在しなかった。フォルクスワーゲン・ビートル級のサイズのアルマジロが南アメリカの風景から姿を消した後、それに少しでも似た哺乳類はあらわれていない。

これらのメガファウナの絶滅は、気候が非常に不安定な時期におきた。更新世は、一般に氷河期と呼ばれている。巨大な氷床が北半球のかなり南部まで、すなわちアメリカならシカゴ、ヨーロッパではイングランド中部地方と北ドイツまでをも覆った、地球全体が冷えていた時期だ。大氷床は前進もしたし後退もした。それが最後の最大範囲に達したのはたった二万二千年前のこと。最近まで、ほと

表1　更新世から完新世への移行における哺乳動物メガファウナ（体重40キロ以上の大型種）の絶滅

地　域	更新世メガファウナの種の数	絶滅した種	絶滅パーセンテージ
サハラ砂漠より南のアフリカ	50	8	16
アジア	46	24	52
ヨーロッパ	39	23	59
オーストララシア	27	19	71
北アメリカ	61	45	74
南アメリカ	71	58	82

んどの古生物学者は、氷河期の寒さが多くのメガファウナ種の絶滅をひきおこしたと考えていた。気候が以前より寒冷になることで草の生産性が低下し、大型獣が食料の草を見つけ体温を維持することが困難になったのではないかと推論したのだ。

ところが一九四〇年、ウィラード・リビーが過去を調査するための新しい手法として放射性炭素年代測定を発明した。リビーの天才は、大気中の宇宙線によって生成された炭素の放射性同位体（炭素14あるいは^{14}Cと呼ばれている）と動物の骨の炭素との関係を見抜くことにあった。すべての生命体は炭素を構成要素としており、地球の炭素循環の一部をなす。大気中の^{14}Cは^{12}C（炭素のもうひとつの同位体）に比べて非常に少ないが、測定可能だ。生体組織は、大気中の含有量に比例した^{14}Cを取りこむ。生物が死ぬと、放射性炭素は五千七百三十年という半減期をもって崩壊しはじめる。リビーは、骨、樹木、土壌堆積物などの有機物中の^{14}Cと^{12}Cの比率を測定する技術を開発した。この比率と大気中の^{14}Cと^{12}Cの比率の違いが、死後に経過した時間をしめす。科学者たちは物質の年代を四万年前、つまり炭素14の半減期七回分までさかのぼって特定することができるが、その先は炭素14の割合が小さくなりすぎて、偶然の汚染による誤った結果を排除できなくなる。放射性炭素年代測定は、有機物質の年代測定の精度に革命をもたらした。そして現在ではその結果を、ピラミッドに使用された木材や、樹木の年輪や毎年の堆積物といった時代が判明している素材と対照することで、死亡年代をさらに正確に二、三世紀の幅で推定することが可能となっている。

動物学者たちが更新世の哺乳類の化石の放射性炭素年代測定をはじめたとき、新しい絵が見えてきた。メガファウナの絶滅はそれ以前からあったものの、二万二千年前に突然の加速がはじまったのだ。この時期は、地球各地へとホモ・サピエンスが分散した時期と一致する。こうして絶滅を説明する「過剰殺戮《オーヴァーキル》」仮説が登場した。

過剰殺戮

アリゾナ大学の動物学者・地球科学者ポール・マーティンは、メガファウナの絶滅と人間による狩りが関連しているという「過剰殺戮」説を最初に唱えたひとりだった。マーティンは「タイム・トラヴェラー」と呼ばれてきた。時代や大陸を越えて考えるための想像力と、事実を提示する力をもった人物ということだ。一九六七年、そして一九八四年に、彼は証拠と知識の進展をとりまとめ議論するための学会を開催し、いずれの会にも過剰殺戮仮説の反対者たちを招待した。気候変動（あるいは過冷《オーヴァーチル》）こそ更新世の絶滅の主な推進力であり、人間の影響は一部にとどまっていたのではないか、と主張した人々だ。

ひとことでいえば、過剰殺戮仮説とは次のとおり。初期のヒト科はアフリカの草原＝メガファウナの生態系で進化し、その後ヨーロッパに移動して、そこが人類の進化第二期の舞台となった。更新世公園の創設者セルゲイ・ジモフ（第4章を参照）は、私たち人間が、骨髄がたっぷりとれる大きな骨を割るために知性と道具を使う、死骸のスカベンジャーとしてはじまっただろうと考えている。時が経つにつれて、私たちは槍と狩猟行動を発達させた。アフリカの、そしてそれより規模は小さいがヨーロッパのメガファウナは、ヒト科の捕食者の台頭に適応することができた。かれらは、より警戒し、攻撃的になり、機動性をもち、薄明薄暮性になる（夜明けと夕暮れに活動する）ことによって対応したのだ。しかしオーストラリアと南北アメリカ大陸の「素朴な」メガファウナたちは、外からやってきた熟練した人類＝狩猟者たちによる捕食に適応していなかったので、壊滅的な結果をむかえた。

この五年ほどで古代DNAの研究は、人類の進化・分散・混合についての私たちの理解をすっかり変えた。この新しい科学は、デイヴィッド・ライクの著書『交雑する人類——古代DNAが解き明かす新サピエンス史』でみごとに説明されている。科学者たちはまだこの新しい知識を、メガファウナの絶滅と家畜化に関する研究と統合できていない。しかしその知識は、地球各地への人類の分散の連続する波に関する知識と、メガファウナの絶滅のパターン・強度のあいだにある、対応関係を強くしめしている。

約四万年前、人類はインドネシア東部の深海溝を越え、オーストラリア大陸に住みついた。この年代は、オーストラリア大陸の有袋類メガファウナの消失と一致している。これら有袋類メガファウナには、カバほどの大きさのディプロトドン、有袋バク、体高3メートルの巨大な短顔カンガルーが含まれていた。オーストラリアでの二十一属の絶滅は、人類が大陸に住みつく直前または直後の時期に生じており、いかなる重大な地域的あるいは全地球的気候変化とも関係がない。さらに九種は、人類の到着後に絶滅したことが明らかになっている。

オーストラシアで過剰殺戮がおきたという仮説に反対する人々は、洗練された狩猟道具とメガファウナの殺害場所の、化石記録がないことを指摘している。しかしポピュレーション（人口／動物個体数）をモデル化すれば、過剰殺戮があったとしめすのに、そのような証拠は不要だということがわかる。モデルによれば、小さくて若い個体群の組織的な殺しは、たとえ低水準（年間人口十人あたり一から二個体の殺害）であっても、数世紀以内に個体群を絶滅に追いやるのに十分であることをしめしている。大型動物の生活史が緩慢だからだ。その後のニュージーランドでのメガファウナの絶滅も、気候変動とは一致しない。実際、大型の飛べない鳥の数種は、数千年にわたってさまざまな気候の変化に適応することができたようで、ヒトの介入がなければ絶滅可能性ははるかに低かっただろう。もっとも、科学的証拠はまだまだ十分とはいえないが。

約一万五千年前にひらいた、シベリアとアラスカをむすぶ氷のない回廊を通ってベーリング海峡をわたった人類＝狩猟者たちの動きは、過剰殺戮の理論家たちを、さらに大きく支持する。狩猟者たちは南北アメリカで、四種のゾウ、マストドン、ゴンフォセレ、四種の大型のナマケモノ、二種の大型のアルマジロ、ラクダ、ウマ、バイソン、数種のシカが生息する、サバンナ的なバイオーム（生物群系）を発見した。これらの動物たちはサーベルタイガー、ホラアナライオン、ダイアウルフに対処する行動は習得していたが、ヒトのことは脅威として認識していなかった。事実上、ヒトによる狩猟に対しては、無防備にふるまうしかなかったのだ。その結果、個体数はほんの二、三世紀のあいだに崩壊した。狩猟された動物の数が、繁殖の遅いメガファウナが再生産できる速度を超えていたからだ。

シベリアの北に位置するウランゲリ島とアラスカ本土の南西部にあるセントポール島でマンモスが事実として約二千五百年前まで生き残ったのは、どちらの島も人間の居住の連続的な波にさらされなかったからであり、このことは過剰殺戮の仮説に重みを加えている。それでもこの仮説は、ずっと議論の余地があるとされていた。ところが二〇一四年に、サセックス大学のクリス・サンドムと共同研究者たちが、「狩猟圧」「気候」「気候と狩猟の混合」という三つの競合する仮説を分析するために、すべての証拠をモデル化して丹念に検討することで、この壁をうちやぶった。分析の結果、ヨーロッパに限っては混合仮説がデータにもっともよく適合したものの、それ以外のすべての地域で、過剰殺戮仮説が最適だということが確認されたのだ。

過去をふりかえって、なぜ過剰殺戮仮説に対してあれほどの抵抗が生じたのかと問うことは、興味深い。証拠は不完全だったかもしれないが、その論理は「過冷」陣営によって提供された議論よりもずっとしっかりしていた。抵抗の理由のひとつは、確立された科学的枠組を動かすのがむずかしいということだ。一九三六年、生態学の父のひとりであるフレデリック・クレメンツは、「極相」植生という考え方を提案した。どのような地域でも、植生はやがては森林の状態へとむかってゆくだろうということだ。その後、動物の存在もまた温度・降水量・日照時間と同等の力でありうるという着想が、この基本的な考えをゆるがせ、生態学はそこから発展した。二番めの理由は文化的・政治的なものだった。一九八〇年代、西側の環境運動の主要な課題は、伐採業者と農地開発者の手による、横行する森林破壊を阻止することだった。これに関連して、先住民や森林に住む人々の苦境をめぐる懸念が高まっていた。サバイバル・インターナショナルなどの組織やジョン・ブアマン監督『エメラルド・フォレスト』などの映画は、先住民族のことを自然と調和して生きる存在として思い描いた。これらの人々を、メガファウナの崩壊をひきおこし、森林を拡大させた入植者の子孫とみなすような科学的仮説は、つまらない、無神経なものとして響いた。それは時代の趨勢に合わなかったのだ――そしておそらく、今もまだ。

更新世リワイルディング

ポール・マーティンの二〇〇五年の著書『マンモスの黄昏――氷河期の絶滅とアメリカのリワイルディング』の終章で、彼はウィルダネスの保全と回復に焦点を合わせるアメリカでのやり方は「歴史のとらえ方が近視眼的すぎるし、あまりにもおとなしすぎ」たと主張し、「アメリカのリワイルディングの究極」とは、失われたキーストーン種の近縁種や類縁種を復元することだと主張した。

第1章で述べたように、「リワイルディング」という用語は一九九二年にデイヴ・フォアマンによってつくられた。フォアマンをはじめとするアメリカの科学者たちの回復ヴィジョンは個別の種、特にオオカミ、クーガー（ピューマ）、グリズリーなどの捕食動物たちのほうに傾いていた。これらの種は、アメリカにおいてもともと生息していた範囲の大部分から一掃されており、オオカミの場合のように、イエローストーンをはじめとする代表的なウィルダネス公園からさえもいなくなっていたからだ。しかしポール・マーティンは、このリワイルディングのアジェンダは、北米にまだ残っているものの、すなわち更新世後期の過剰殺戮のあとに残され疲弊した種の一群を修復しようとしているにすぎないと指摘した。そうすることにおいて彼は、「自然ベースライン」という用語で呼ばれるものについての疑問を提起した多くの科学者のひとりだったわけだ。「自然ベースライン」とは、自然保護の法律・政策を発展させる専門家たちが保護・回復・維持すべき自然状態であると決定する、歴史上の時点のことだ。世界の大部分で、これらのベースラインは、ヨーロッパによる植民地化の時代に置かれている。それは博物学者たちが、新たに出会った動植物を記録しはじめたときだ。北米では、保護主義者たちは一四九二年にクリストファー・コロンブスが上陸した時点を事実上《デファクト》の自然ベースラインと考え、それを復元し保護しようとしている。ヨーロッパのほとんどの国で選択されたベースラインは、工業化の影響をうけるまえの十九世紀半ばだった。ヨーロッパの風景が現在より調和がとれ、おだやかで、したがって自然なものに見えた時期だ。マーティンの著書は、現代の自然保護諸団体を不安にさせるような疑問をもたらした。この疑問は、ブラジルの生態学者マウロ・ガレッティによる二〇一五年の論文で明言化されている。彼は「なぜ私たちは完新世におきた絶滅の生態学的結果をそのままうけいれようとするのか?」と問う。

『マンモスの黄昏』は十二名のアメリカの進歩的な保全科学者と主導的な保全生態学者たちを駆り立て、ニューメキシコ州のチワワ砂漠にある牧場に集結させた。かれらは第1章で見たように、「更新世リワイルディング」と呼ばれる、北アメリカの保全のための、ラディカルで楽観的なアジェンダを作成した。ニューヨーク州のコーネル大学の若き保全生物学者であるジョシュ・ドンランは、これにつづいて二本の論文を書いた。代表的雑誌『サイエンス』に掲載された要約と『ジ・アメリカン・ナチュラリスト』でのより長い論考がそれで、後者はマニフェストのかたちをとっている。彼が保全科学者たちに呼びかけたのは、「悲観的な《ドゥーム・アンド・グルーム》」保全の物語を拒否し、野生の場所の単なる保全から、リワイルディングおよび場所の再活性化へと、野心を拡大することだった。

　このアジェンダは大胆かつラディカルだったし、いまもなおそうだ。それに対する批判は迅速、かつ多岐にわたった。それらのいくつかについては、のちほど検討しよう。しかし、ドンランと彼の発想源にいる人々は、リワイルディングの鍵となる原則を明確に述べている。すなわち「保全運動は、生態学的・進化的プロセスをいきいきと回復するためのガイドとして、生態学的歴史を援用すべきだ」。この原則は「未来の数々の自然をかたちづくるためには、過去の複数の自然からのインスピレーションをうけとるべきだ」と要約することもできるかもしれない。これは絶滅を回避し、想定される自然ベースラインを維持するために生息域を管理するという、すでに確立された保全目標への、明確な決別を提案するものだ。

　更新世リワイルディングのアジェンダはまた、分類群《タクソン》の代替という概念を強調してもいる。別の生物地理学的地域から導入された現行種が、絶滅種の役割を再現できるという考え方だ。ますますひろがっているそうした実例については、次章で議論する。しかしドンランと彼の共同研究者たちが出してきた、現在のアフリカのチーターを、絶滅した更新世のアメリカチーター二種の分類群代替種として北米に導入するという案は、多くの人々にとってあまりにも物議をかもすものだった。リワイルダーたちは、アフリカのチーターがプロングホーンの速度と視力に影響を与えたことから、そうした代替種を導入して野生化させることは、進化の相互作用を復元することになるだろうと主張した。またかれらは、アフリカでのチーターの個体数は危機に瀕しているため、アメリカ南西部での新しい個体群が、種の生存を保証するのに役立つかもしれないこと、そして同時に、牧場主たちにはエコツーリズムの機会を提供することを力説した。

更新世マニフェストはたしかにみずみずしく、ラディカルで、強いヴィジョンだった。それは北アメリカに焦点を合わせていたが、世界中のさまざまな地域へと初期のヒト科が拡大したことの生態学的影響を考えるための、枠組を提供した。

農業と帝国主義の台頭――生態系、第二の劣悪化

地球の自然の多様性とゆたかさの第二の大きな劣悪化は、農業の普及とヨーロッパによる南北アメリカ・アジア・アフリカの植民地化とともに、十六世紀にはじまった。より組織的な農業の発展は、ふたつの生態学的ダイナミクスを劣化させはじめた。それらのダイナミクスとは生態系が繁栄するための鍵であり、リワイルディングが特に回復しようとしているもので、次のふたつをさす。(1)自然の攪乱。これは第6章で見るように、多くの動物が繁栄する条件の創出に不可欠だ。(2)地形や大陸のいたるところに分散し移住してゆくという生物の能力。これはしばしば、科学論文においては、生態学的接続性という用語で語られる。

中東・ヨーロッパ・アジアでの約八千年前の定住農業の発展は当初、自然の草地や森林のモザイクといった様相を維持・増幅し、多くの種に利益をもたらす、開放的な生息域をつくりだした。たとえばある耕作地は、野生のイノシシの畑荒らしによって耕された土地と似たものとなったため、小さな花や種子のためにさまざまな動物種に好まれる、エフェメラルな植物が成長するのに適していた。小

麦の栽培は、種を食べる哺乳類や鳥、そしてそれらを捕食する動物たちに好都合なものとなった。一方、灌漑用水路や水田は、池や流れの遅い小川の生息域を拡大した。

約五千年前のアジアのステップで、車輪の発明に続いて牧畜文化（ヤムナヤ文化）が出現した。この文化の担い手である牧畜民はヨーロッパや、東は中央アジアのアルタイ山脈まで広がり、農耕民と混ざりあい、放牧と使役動物の繁殖と耕作とを統合した。これによって多くの放牧草地が残った。さらに森林地帯や高地地域では、集められ半家畜化されたウシ・ウマ・ヤギ・ヒツジの品種が維持され、おそらく放牧と植生のあいだの動的な相互作用が回復されさえした。重要なのは、ヤムナヤ牧畜文化の進化とひろがりが、ユーラシアにおけるウシとウマの種の絶滅を回避し、最終的にはリワイルダーたちがヨーロッパのメガファウナのギルドおよびそれらと植生との相互作用を、部分的に再構築する機会を残したのかもしれないという点だ。

農業と資源抽出が生態系に与える影響は、中世に増大しはじめた。農業がより商業的で組織化されたものとなり、社会が土地を干拓するための工学技術を発達させた時代だ。たとえば、水を汲み上げるための風車が開発された十五世紀から、オランダの技術者たちは湿地や浅い湖を干拓して農地をつくることに熟達するようになり、その方法を他の地域に輸出しはじめた。イギリスでは、豊富な野生生物をささえていたリンカンシャーとケンブリッジシャーの数千平方キロメートルにおよぶ広大な湿原が、十七世紀に大規模に干拓された。干拓されて出現した泥炭土壌は、増加する人口をささえる根菜類を栽培するのにぴったりのものであり、いまもなおそうだ。しかし、これらの湿地の喪失によっておきたのは、地域の自然のゆたかさの減少だけではなかった。移動性の種が繁殖し、立ち寄り、越冬するための鍵となる場所が消えたのだ。それによって、地域や大陸にまたがる長距離の分散と、生命の流れが、減少してしまった。

農民はまた、土地を準備し、作物と家畜をまもるための多くの投資をはじめた。土地を干拓し、柵で囲い、家禽や家畜を捕食する可能性のある種、あるいは草を求めて家畜と競合したり家畜と交雑したりする可能性のある種を、積極的に根絶した。「害獣」というカテゴリーが多くの文化で人々の心に生じ、ジャッカル、ヤマネコ、猛禽類、テンは罠にかけられて狩られ、しばしば政府の根絶プログラムによる報奨金の対象となった。さらに、人口が増加することで、柵や住居の建造や燃料のために木材が必要となった。そして農業地帯の景観は徐々に、よりひらけたものとなり、それにともなって植生の多様性が減少した。大小の捕食動物は根絶され、大型草食動物は柵の中に閉じこめられた。

発見の時代の影響

十六世紀と十七世紀の農業の発展と同時に、西欧の海洋国家は、地球の未知の富と不思議を探求するための発見の航海に乗り出した。これらの航海によって、帝国主義への動きが生まれ、西欧は世界中に領土を主張して、植民を推進した。十八世紀、スペインとポルトガルは南米に、イギリスは北米とインド亜大陸に、オランダは東インド諸島（現在の東南アジア）にそれぞれ力を注いだ。その後、十九世紀の後半になると、アフリカとインドシナを各国が奪い合い、植民地化した。帝国の拡大は産業革命によって促進され、資源と新たな市場、そしてその両方を配給するための技術的・軍事的・行政的能力の需要をつくりだした。植民地主義が野生生物や生態系に与えた影響は深刻で、完新世後期の過剰殺戮の影響が、世界中の水系・沿岸地域・海洋にまで拡大された。植民された土地にプランテーションが設立されると、新しい港町には貿易の拠点がつくられた。そこから罠猟・狩猟・漁業のネットワークがひろがり、大陸の奥深くや外海へと拡大していった。

完新世の過剰殺戮を生き延びたメガファウナは、売るために毛皮を剝がれたビーバーやアザラシなどの小さな種と同様、十九世紀の商業的ハンターたちの標的となった。銃、鋼の銛、ワイヤ製の罠、丈夫な網で武装したハンターたちは、野生生物に壊滅的な影響を与えた。ただし、その生態系への影響の規模の全体像は、まだまだ私たちには見えていない。当時、自然は当然ゆたかなものとされていたため、ほんのわずかな記録しか残っていないのだ。地図作成術の発展により、帝国の戦略家たちが森林資源のマッピングと測定を開始し、その搾取と管理を計画するようになったのは、やっと一八七〇年代になってからだった。野生生物の無造作な殺害と絶滅の増加が大衆の関心事となったのは、十九世紀の終わりにかけて世界的なニュース・メディアが台頭しはじめてからにすぎず、野生生物の保護に関する国際会議は一九三三年になってようやくおこなわれた。

野生生物と生態系に対する商業的狩猟の影響について私たちが知っていることは、探検家たちの話や植民地商取引の歴史、そしていくつかのよりよく研究された事例の組み合わせから、まとめられている。たとえば、北米の大草原でのバイソンの群れの虐殺はよく知られている。大虐殺の最盛期には、ハンターたちはライフルで群れを無差別に殺戮し、舌だけを切り取った。切り取られた舌は缶詰にされ東海岸の都市に運ばれた。残された死骸は腐るにまかされ、その後、頭蓋骨と大きな骨が集められ、粉砕されて肥料として使われた。

工業に使用する油をクジラの脂肪からとるためにおこなわれた商業捕鯨の時代の影響もまた、よく記録されている。しかし、これらの記録が北極海と南極海でのクジラの搾取に焦点を合わせるばかりで、中部大西洋の個体が中世に捕りつくされたという事実を科学者たちが見過ごしているということは、最近まで指摘されたことがなかった。

商業捕鯨ほどによく知られていないのは、アマゾン川、メコン川、ハドソン川などの世界の大きな水系での動物の絶滅だ。十九世紀には、アマゾンから採取された淡水ガメの卵の大規模な取引があった。毎年、誇張ではなく何億という卵が、輸出用の脂肪バターに加工されたのだ。十九世紀のはじめには、それに匹敵する数の淡水ガメが、繁殖のため砂洲に上がって甲羅をぶつけあう音が、数キロ離れたところからでも聞こえたという。体長が3メートルになる世界最大の淡水魚の一種ピラルクー(アラパイマとも呼ばれる)は、アマゾンの広大な流域から姿を消すほどの数が銛で突き殺されたし、オオカワウソはその毛皮のために狩猟され絶滅の危機に瀕した。幸いなことに、これらの種は生き残り、一部の地域では個体数がゆっくりと回復している。かといってアマゾンは、私たちがしばしばそう考えてしまうような手つかずのウィルダネスではないのだ。

メガファウナの第二の過剰殺戮をもたらしたのは、商業狩猟だけではなかった。新しい入植者たちは、所有するプランテーションが農産物を生産しはじめるか、あるいは輸入された家畜が牧場にふさわしい数に増えるまで、最低七年から十年はひたすら土地にすがって暮らす必要があった。このことは、食肉狩猟が生存の中心であり、植民者の生活の一部にもなっていたアフリカで、特にあてはまった。しかし牧畜が進展するにつれ、牛疫などの病気の発生により在来の野生生物と家畜の多くがいずれも激減するとともに、両者が柵で分けられることになった。さいわいなことに牛疫の流行がおきた二十世紀初頭には、人間がひきおこした絶滅の現状が理解され、野生生物保護の新しい道徳がすでに西洋社会に根づいていた。植民地政府は、野生生物保護区・禁猟区・国立公園をつくるために行動したが、家畜と野生の大型草食動物を分離し、柵を設けて自然な移動を阻止するプロセスもはじまっていた。

工業化とグローバル化——生態系、第三の劣悪化

植民地帝国の広範囲にわたる工業化と商品貿易の成長は、輸送動脈を拡大することになった。航行が可能になった川、そして鉄道・道路は、開拓者たちや商業的利権のために遠隔地を開放し、さまざまな風景を超えて河川に沿ってゆく動物の自然な分散を混乱させた。工業化がしめしたのは、自然を設計・管理・搾取するための新技術（たとえば蒸気機関、ウォーターポンプ、ライフル、トラクターなど）と、自然由来の製品を保管・輸送・製造するための新しい工程（缶詰工場、パルプ工場、定期航路など）の発明だ。工業化は、農地への定住と開墾、原生林の伐採、野生生物の搾取、湿地と河川の汚染を加速させた。

二十世紀半ばまでに、多くの工業国の水系は死の地帯となり、農薬（特にＤＤＴ）の使用量増加は鳥に顕著な影響をおよぼし、サイなどの象徴的なアフリカの野生動物種は絶滅の危機に瀕していた。欧米の市民のあいだに新しい環境意識が芽生えはじめ、一九七〇年四月二二日、最初の「アースデイ」のために何百万人もの若者が街頭に出た。世界中の政府がこれに反応した。国際条約を交渉し、

国内的な法を可決することで、汚染を抑制し、絶滅危惧種を保護し、世界の大小さまざまな生態系を保護するための行政部門を設立したのだ。これらの保護措置は、保護団体の努力もあり、なんとか「現状を維持」し、既知の種の絶滅やさまざまなタイプの生息域の消滅を広範囲にわたって回避することに成功した。一部の地域では、保護措置により捕食動物、たとえばヨーロッパのオオカミが復活した。しかし残念ながらそうした保護措置では、一九七〇年代にはまだどこにでも見られた小さな種のゆたかさが、広い地域で減少することを止められなかった。

第六の絶滅

今日の保全科学の論文は「第六の絶滅危機」と「生態学的緊急事態」の話でもちきりだ。一九七〇年代の環境運動の高まりによって、世界の自然の状態を評価・監視するための体系的な取り組みもはじまった。これを後押ししたのが、一九六七年にロバート・マッカーサーとエドワード・O・ウィルソンによって最初に述べられた、島嶼生物地理学の理論だ。かれらは、島の大きさとそこで見られる種の数との直接的な関係をしめし、ある地域＝生息域の大きさが時間の経過とともに縮小した場合、種の数は新たにより低い平衡に「落ち着く」だろうという考えを提案した。科学者たちは、フィールド調査からのデータを外挿することによって、低地熱帯林など主要な生息域の種の数の推定値を計算した。次に、これを生息域の喪失速度（生息域の「島」の縮小）に関連づけて、絶滅の危機に瀕している種の数を算出した。これらの推定値は、野生生物の個体数を直接監視するスキームからのデータと一緒に、自然の状態を報告するための指標としてまとめられる。

これらの指標の中でもっともよく知られており、もっとも確実なのは、世界自然保護基金（WWF）・ロンドン動物学会・生物の多様性に関する条約による生物多様性指標パートナーシップによって作成される「生きている地球指標《リヴィング・プラネット・インデックス》」だ。この指標は、一九七〇年以来60パーセントの減少をしめしている。生物のゆたかさがどれだけ減少しているかは、近年のふたつの研究の驚くべき結果によって、よく理解されるようになった。第一の研究は、ハンス・デ・クローンがひきいるドイツの科学者チームによって二〇一七年に発表されたもので、一九八七年以降、ドイツの自然保護区で飛行する昆虫のバイオマス（生物量）が75パーセント減少したことを報告した。この報告は、いわゆる「フロントガラス現象」——運転中にフロントガラスにぶつかる昆虫が最近はるかに少なくなったという、裏づけに乏しい観察を意味する用語——に信憑性を与えた。第二の研究は、コーネル大学鳥類学研究所のチームによって二〇一九年に公開されたもので、一九七〇年以降、三十億羽の農地の鳥が失われたことを報告した。コーネル大学のチームは、鳥の個体数に関する五十年分の組織化された市民調査と洗練されたコンピュータ・モデルを組み合わせて、その数値を算出したのだった。

あまり話題にのぼらないのは、淡水の生物多様性の減少だ。湖・川・湿原・三角州は、地球の表面のわずか1パーセントを覆っているだけだが、すべての動物種の10パーセントとすべての脊椎動物種の30パーセントの生息域となっている。しかしながら、これらの水生生態系は、陸域生態系にくらべてはるかに注目されていない。おそらくこれは、水面下の生物は陸上の生物より観察しづらいこと、そして工業国の市民たちが一九八〇年代以後の水質の大きな改善を目撃していることに由来する。排水で悪臭を放っていた川が、ふたたび泳げる場所になっているのだ。

要約すれば、次のことは科学的にいって明白なように思える。半世紀前に確立された自然保護政策・制度の最善の努力と、いくつかの注目すべき成果にもかかわらず、生態系の劣悪化は加速している。

グローバル化と自由市場経済

自然と生態系のこの憂鬱な状態は、グローバル化――各地の経済・文化・人口の連結の結果だ。グローバル化は商品・サービス・テクノロジーの国境を越えた取引、そして資本投資・人・情報の流れを、「低摩擦」で可能にすることにより、経済的繁栄と消費を促進する。グローバル化によって、農作物をもっとも条件の良い場所で栽培し、全世界的に輸出できるようになった。これにより、作物をより効率的かつ大規模に栽培するための技術への、投資が呼びこまれる。工業的な規模で耕作し、施肥し、農薬を散布し、収穫する、巨大でますます自動化が進む機械を導入するために、農地は拡大された。こうした近代的な農業景観は安定化され、消毒されている。土壌は生きたシステムから、成育の媒体へと変えられてしまった。動植物が必要とする乱雑で連結されたカオスが姿を消したわけで、そうなると鳥や昆虫の数が減少しても驚くにはあたらない。

グローバル化は資本を投資へと流し、財的見返りを生みだし、それをまた投資することを助ける。五十年前には、大規模なインフラ計画への投資を、完全に国別に分かれた国内市場から募るのは難しかったかもしれない。しかし、もはやそうではない。今日では資本が国境を越えて移動することははるかに容易であり、したがって政府や企業がインフラへの投資を集めることも容易なのだ。淡水生態系の多様性にとって大きな脅威である、水力発電のダムを例にとろう。自由に流れる川は多様で複雑で動的な生態系をささえる。二〇一九年にカナダとドイツの科学者たちのチームが合計２００万キロにおよぶ世界の河川を評価し、１０００キロメートル以上の川のうち全長にわたって自由に流れる川は37パーセントしか残っておらず、途切れることなく海に流れこむ川は23パーセントだけだということをしめした。それよりまえの二〇一五年の研究は、世界の主要な水系のうち四八五（48パーセント）の水系で、ダムと取水によって河川の流れと連続性が中程度ないしは深刻な影響をうけており、もし提案されているすべてのダムが建造された場合、二〇三〇年までにほぼ倍の93パーセントで影響が生じるだろうと推定した。ダムやその他の土木工事が淡水生物におよぼす甚大な影響はよく知られており、何も行動しなければこの状況がつづくことになる。河川のリワイルディングについて、また水系の土木インフラを減らす努力については、第8章で議論する。

グローバル化が生態系におよぼす影響は長く憂鬱な話であり、科学者や活動家たちは、政治家・政策立案者・企業リーダー・投資マネージャー・消費者に、その規模と結果を説明しようととりくんでいる。注目を集めているのは、東南アジアでアブラヤシを栽培するため急速かつ大規模に進んでいる熱帯森林の伐採、そしてブラジルで世界の商品市場向けに大豆を栽培するために進んでいる、広大なセハードの生物群系《バイオーム》の乾燥林から農地への転換というあからさまな動きだ。これらの動きによって否応なくかきたてられるのは、グローバル化が生態系におよぼす影響への懸念であり、歯止めを失った資本主義に対する不安だ。

二十一世紀のリワイルディング

リワイルディングの科学と実践は反グローバリズムではないし、工業化が破壊または損傷したものの回復をめざしているわけでもない。保全のための、ヴィジョンある新しいアジェンダとして、それは現実的かつ実用的なものだ。パーム油や大豆の商品市場が自然に対してもたらした被害を軽減しようとすることは、現在のところリワイルディングの射程を超えている。グローバル化の裏面は、それが生態系を大規模に改善する機会もまたつくりだしているということだ。たとえば、高度に機械化された農業が発達するにつれ、多くの辺境の土地で小さな農業が維持不可能になっている。ヨーロッパ東部と南部における大規模な土地の放棄と農村部の過疎化は、ヨーロッパで失われた大型草食動物と森林＝牧草地のシステムを再構築し、それらの地域において、自然にもとづいた新しい経済的展望を生みだす機会をもたらしてもいるのだ。

工業化のもっとも深刻な結果のひとつである気候変動も、河川管理の再考を避けがたいものにしている。高度に人工化された河川では、極端な降雨の頻度が増えることによって生じる流水に、対処することができなくなってきているためだ。河川と氾濫原を再接続するなど、河川管理を自然にゆだねるアプローチは、関心を集めるとともに実践的な行動を生みだしつつある。

多くの点で、リワイルディングとは変化の結果であり、ますます複雑化する私たちの世界で保全をおこなう方法を再考しなくてはならないという必要から生じたものだ。次章では、リワイルディングの実際的な起源と、その実用的・革新的・解決志向的な思考態度のルーツを探る。

4　リワイルディング実践の起源

科学では、基盤（基礎）研究と応用研究の区別が重要だ。これまでのふたつの章で説明したのは、知識の溝を埋め、更新世の終わりにメガファウナが突然消滅した原因についての疑問に答えたいと考えている科学者たちによる、一連の基礎研究だった。これらの研究者たちは、大学などの科学研究の場で働き、演繹的推論に立つ正式な科学的方法を採用した。演繹的推論とは、利用可能な証拠にもとづく仮説または命題を立てるところからはじめて、検証すべき新しい証拠を収集・照合し、検証と討論を重ねることで、仮説を改良または否定することだ。前章で学んだように、これにより、ますます多くの科学者たちが、メガファウナは世界の過度な寒冷化（「過冷」）または湿潤化あるいはそれら両方の組み合わせにより減少したとする仮説よりも、「過剰殺戮」仮説のほうが証拠に適合している、と結論づけた。だがかれらの科学は、既存の保全運動が新しいアジェンダを必要としているという感覚によって動機づけられていたわけではなかった。この科学が実践的に応用されたのは、ポール・マーティンが「だから何？」という疑問をつけくわえ、新しい知識が自然保護の政策と実践に与える影響を探求しはじめたときだった。

こうした学術的研究と並行して、多くの応用科学者たちが、みずからの働いている自然保全機関の方針や実践の土台となる科学的知識とは合致しないように思える自然現象の観察をおこなっていた。これらの科学者のうち何人かは、ヴィジョン・大胆さ・説得力と、そうした観察を経て思いついた新しいアプローチを試みる機会を、あわせもっていた。かれらが率先しておこなったこれらの例は、今日しばしばリワイルディングの実験と呼ばれているが、それらはすべて、リワイルディングという用語がひろく使用されるようになるずっとまえにはじまっていた。リワイルディングの科学・実践・一般認識への影響という点で「ビッグ・フォー」といえるのは、オーストファールテルスプラッセン（OVP、オランダ）、イエローストーン国立公園（アメリカ合衆国）、更新世公園（ロシア）、インド洋のモーリシャス島だ。

この章では、これら四つの先駆的取り組み《イニシアティヴ》のストーリーに焦点を合わせる。それぞれの生態学的および文化的コンテクストは大きく異なるが、関係する科学者には多くの共通点がある。みんなそれぞれに特定の場所と深い関係を築いており、情熱的で注意深い自然観察者であり、自然保護のための新しいアプローチを試す機会または幸運に恵まれ、帰納的推論の才能があったということだ。

帰納的科学の方法は、逆立ちさせられた演繹法だと、しばしば説明される。それは観察と出来事からはじまり、それらにもとづいて論理的な一般化すなわち理論を形成する。リワイルディングの文脈では、それは通常、自然を経時的に観察することからはじまる。観察が、他の知識や洞察と相互作用して、自然がどのようにはたらくかについての新しい概念や理論を生むのだ。帰納法は研究機関に求められる厳密さと専門性にあまり適していないと考える人もいる。しかし、この章でしめすように、帰納的推論の才能をもつ環境活動家が実際にアイデアを試す機会と自由を手にしている場合、刺激的で動揺をもたらす新しい理論やアプローチが出現する可能性があるのだ。

ＯＶＰからはじめよう。というのも、この場所はこれまでの章で語ってきた牧草地のテーマを継続しているし、第1章で見たように、保全の科学と実践の基盤にあった前提に挑戦する、ヨーロッパ版リワイルディングは、まさにここからはじまったからだ。

オーストファールテルスプラッセン

オランダはヨーロッパでもっとも人口密度の高い国であり、その土台となるライン川の三角州は、世界でもっとも人の手が入った場所のひとつだ。ご存じのとおりオランダの人々は水を管理して土地を干拓する能力で有名で、第二次世界大戦後は、干拓と農業インフラに多額の投資をおこなった。一九八〇年代までに、干拓されたデルタ風景（ポルダーと呼ばれる）は補強・断片化され、自然的価値を欠き、美的には――チューリップ畑はともかく――退屈なものとなった。こうした場所で自然保護へのラディカルで野心的なやり方が出現するとは思えないかもしれない。しかし新世代の進歩的なオランダの生態学者たちは、もはや失う自然などほとんど残っていないと感じたからこそ、自然保護活動家たちが「防御的」アプローチではなく「攻撃的」アプローチを採用すべき時がやってきた、と信じたのだ。

ＯＶＰは、一九七三年の石油危機で生じた景気後退により、工業誘致を目的としていた新しいポルダーが放棄されたときに、偶然に誕生した。手つかずのまま放棄された土地は、葦の湿地と柳の低木林へと変わり、膨大な数のガンをひきつけた。ガンたちは渡りに際しての換羽のために、そこに群がったのだ。若き生態学者フランス・ヴェラは、農業・自然管理・水産省で働いており、ガンが草を食べることがポルダーの自然の自発的な回復におよぼす影響について考えていた。一九八〇年代当時は、ほとんどの生態学者が、一九三六年にフレデリック・クレメンツによって提案された見解をうけいれていた。植生は安定した高木林の「極相コミュニティ」にむかって決まった道を進む、とするものだ。この考え方が、ヨーロッパや他の地域での自然保護区の運営に強く影響を与えていた。ほとんどの自然保護区は、遷移の各段階を維持するように区分・管理されていたのだ。ヴェラは、ガンが草を食べることがOVPでの植生の発達の「舵を切り」、開放水域と湿地の植生のモザイクをつくりだしていることに気づいた。草食動物は単に植生の段階的発達にしたがっているだけだという従来の知識に反して、ガンたちが自分自身や他の種にとって最適な植生をつくりだすことを見抜いたのだ。

フランス・ヴェラは物事を別の角度から見て、新しいアイデアを開発・試行・明確化するために多種多様な証拠を集める天才だ。彼はまた、主流の思考に恐れることなく挑戦し、従来の生態学的推論の欠陥を指摘し、新しい説明を試みる。ガンたちが草を食べることがおよぼす影響を観察することで、彼はヨーロッパにおける草食動物・植生・人間のあいだの相互作用の歴史について、もっと学ぼうと思い立ったのだった。彼はただちに、植物学者たちが十九世紀後半に「自然な」植生タイプという着想を定式化しはじめたとき、ジグソー・パズルの重要な部分を見落としていたことに気がついた。当時はオーロックス（野生のウシ）もウマもヨーロッパ固有の動物相の一部とはみなされていなかったのだ。

オーロックスがはじめて科学的に記述されたのは一八二七年で、更新世の終わり、約一万五千年前に絶滅したものと考えられていた。しかし一世紀後、オーロックスは家畜のウシの祖先であることが証明され、現在では野生のオーロックスがヨーロッパで十七世紀まで生き残っていたことがわかっている。ヨーロッパの動物相にウマが含まれたのはさらに最近のことだ。これは、高木林こそヨーロッパの自然植生であると主張した「クレメンツ説」の論理が、在来種のウマがいたという可能性を排除したためだ。その結果、新石器時代の遺跡から出土したウマの遺骸は、野生ではなく家畜のものであると推定されていた。ヴェラはこれを、多くの保全科学者や生態科学者が採用した循環論法の明らかな例とみなした。現在では、野生馬の種であるターパンは、かつてヨーロッパ中にたくさんいて、家畜化した品種の祖先であることがわかっている。現行品種の多くはまだ元のターパンに遺伝的に近く、半野生または野生化した状態で暮らしている。ヴェラは、論理が「きちんと修正」されれば、大型草食動物の群れが草を食べることでつくりだされた、まるでアフリカのような草原のモザイクが、かつてヨーロッパのひろい範囲を覆っていた十分な証拠があると主張した。

ＯＶＰの実験

ＯＶＰの風景が発展するにつれ、低木林や森林へと植生が移行してゆくのを止めるために、その地域に家畜を放牧すべきだという提案があった。ヴェラと同僚のフレッド・バーセルマンは、より過激かつ野心的なヴィジョンをもって、それに応えた。すなわちＯＶＰのことを、かつてヨーロッパの低地を歩き回っていた自由生活の大型草食動物の集団を再構築することにより、自然の自己展開におけるユニークな実験の場とするべきだ、というヴィジョンだ。かれらの上司はこれを認め、一九九一年にOVPは、自然の自己展開を基本方針とする自然保護区に指定された。

アカシカとノロジカがスコットランドやオランダの野生保護区から移送され、チームはヨーロッパ中を見わたして、オーロックスとターパンの生態学的な役割を埋めることができそうな原始的なウシとウマの品種を探した。かれらはポーランドからターパンに似た特徴をしめすコニック種のウマを購入し、またヘック牛の群れを獲得した。これはじつは最近の品種で、一九二〇年代にドイツでヘック兄弟によって作出されたものだ。ヘック兄弟は、絶滅したオーロックスに似た動物を動物園で展示するために、多くの原始的な品種をかけあわせたのだった。群れが大きくなり、自然の群れがしめすような行動をとりはじめるにつれて、OVPは「堤防にまもられたセレンゲティ」とでも呼べる様相を呈した。ヴェラは、放牧と植生のあいだの動的相互作用、そしてこれが動植物の個体数におよぼす影響についての、観察をつづけた。その結果、省は彼に彼の考えを博士論文としてまとめるための、研究休暇を許可した。

ヴェラは、大型草食動物が形成した風景が――たとえ改変されているとしても――生き残った例として、イングランド南部のニュー・フォレストを挙げた。まぎらわしいことに、この「新しい森」は実際には非常に古い。ウィリアム征服王は一〇七六年にそこを王室の狩猟保護区とすると宣言した。彼と廷臣たちにとって、そこはたしかにかれらの「新しい森」だったのだ。その場所はもともと、ウシ・ウマ・ブタの自由にうろつく群れを管理するという、平民たちの古来の慣習によってつくりだされた、開放的な森林＝牧草地だった。狩猟保護区に選ばれたのは、そうした地勢の結果として、シカやその他の獲物が豊富だったためだ。ニュー・フォレストは九百五十年の歴史の中で多くの変化と脅威をまのあたりにしたが、混合放牧の習慣は今日までつづいていて、この地域はイギリスでもっとも生物多様性のある自然景観のひとつとなっている。

ヨーロッパの自然についての異なった参照点を提供するとともに、ヴェラは「森《フォレスト》」という言葉はもともと、狩猟に使われる部分的に樹木が茂った囲いのない区域をさしていたという、意義深い指摘をおこなった。木々に覆われたひろい区域という現在のフォレストの意味こそ、もっと最近のものなのだ。

植生の周期的転回の理論

二〇〇〇年に『草食の生態学と森の歴史』と題された書物として出版されたヴェラの博士論文は、ヨーロッパの科学界を騒然とさせた。動的な森林＝牧草地の風景こそヨーロッパの自然の元型だというのが彼の主張だが、草をはむ動物たちがそうした地勢をつくりだしたようすを説明する強固な理論によって、彼はそれを裏づけたのだ（図2を参照）。彼の理論は、ある場所の植生はつねにゆっくりとした変化のサイクルのうちにあるとする。この変化をひきおこす力についての説明は、サイクルのどの時点からでも開始できる。とはいえ、ヴェラの理論が「閉鎖林冠森林」仮説に挑戦するものである以上、まずはここから説明をはじめよう。

ヴェラの理論によれば、閉鎖林冠森林が年月を経ると、木々は倒壊し、林間に空き地が生じる。そうした空き地で芽生える草と若木は、バイソンやアカシカなどの種をひきつけ、そうした種が草を食

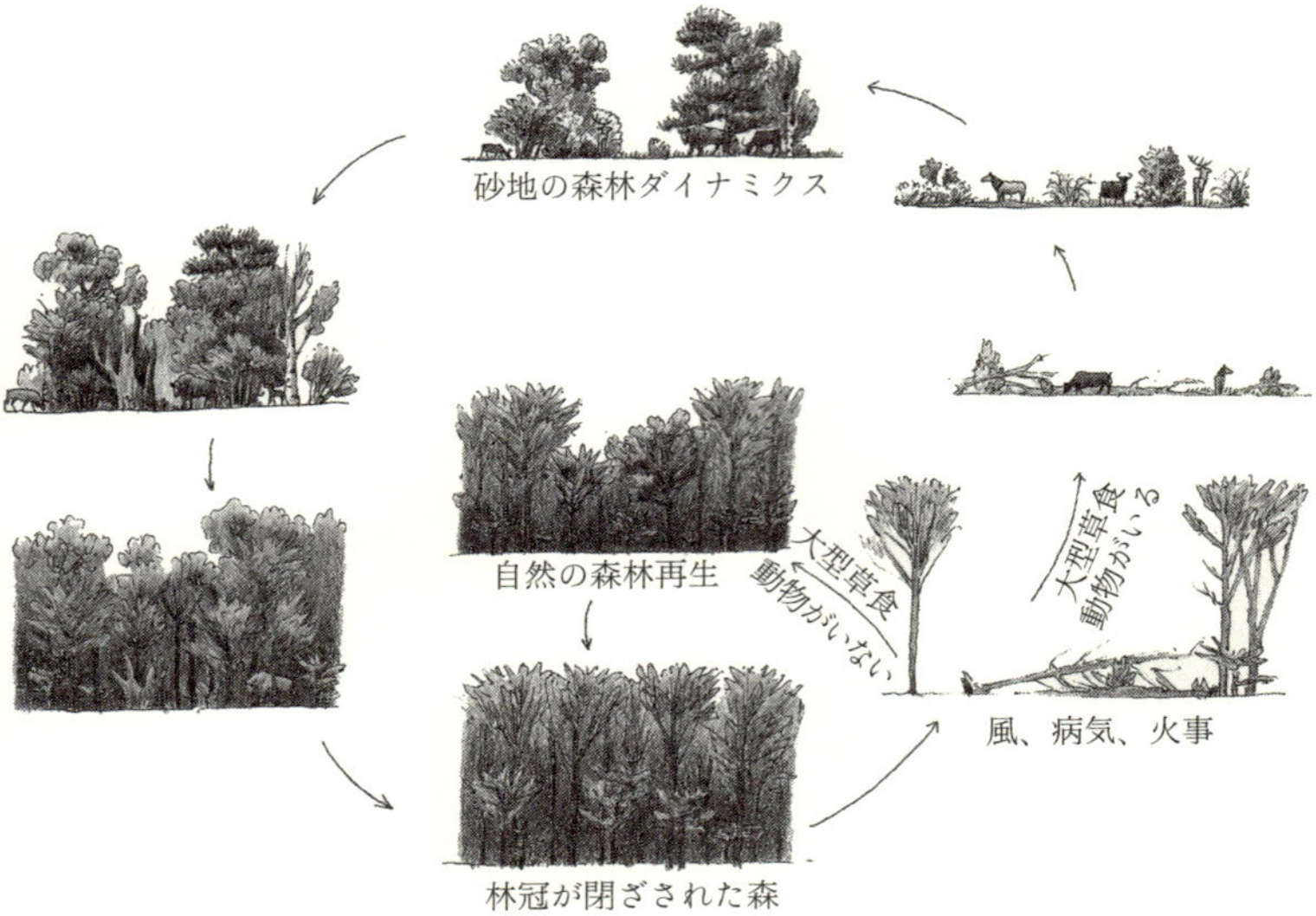

図2　フランス・ヴェラによる循環的植生遷移の理論の図示（ヨロン・ヘルマー／ARK Nature 提供）

べることで、短くてひらけた植生が維持される。空き地はゆっくりと増え、ひろがり、つながって、ひらけた草地をつくり、オーロックス、ウマ、ダマジカの群れをひきつける。そうした群れはさらに、ひらけた草原へのサイクルを促進する。ところが、次章でふれるさまざまな生物学的・非生物学的理由のために、草食の影響はまだら状にとどまる。そのため、棘の多い茂みが根づくことができ、動物に運ばれ風に吹かれてきた、より大きな森林性の木々の種子のための、安全な苗床となる。若木が成長し背丈を増すにしたがい、それらの若木は茂みに影を落とし、木立を形成する。木立は牧草地となりうる区域を減らし、閉鎖林冠の林地へとサイクルをゆり戻すのだ。

ヴェラの新奇な理論への反応

多くの生態学者たちが、ヴェラの理論は魅力的なものだと直観した。それぞれの土地の風景において、ヴェラの着想の証拠を目撃したり、ヴェラの理論がOVPで実践されていると知ったりすることによって、魅力はますます大きくなった。一方で、彼の理論をあまりに思弁的で、証拠によって裏づけられていないとみなす人々もいた。花粉記録を見るかぎり、樹木の花粉が多数を占めるからだ。ヴェラは彼の本の中でこの問題にとりくんでおり、草の花粉はより繊細で、長期生態学者たちが堆積物コアを集める湿地化した窪地には、ふきこまなかった可能性が高いと指摘した。しかし、科学の演繹モデルにしたがう限り、証拠がなければ理論を支持することはできない——そして証拠の欠如によって、新たな思考が思弁的すぎるといって科学の縁へと追いやられてしまうことは、よくあるのだ。だがヴェラの研究は、彼の理論とOVPがヨーロッパの保全運動に提供した、心がおどるような新しいヴィジョンのために、そんな運命をまぬかれることができた。また彼には、アムステルダムから簡単に行けるOVPに訪問者をむかえ、そこを一緒に歩きながら、みずからの考えを説明し議論するという熱意もあった。

訪問した科学者のひとりに、オックスフォード大学にある第一線の長期生態学研究室の責任者、キャシー・ウィリス教授がいた。第2章で述べたように、堆積物コアの層から採取された花粉は、炭素14技術を使った分析によって年代の特定が可能だが、これは彼女の研究室の中心課題だった。そのため彼女は、この手法では過去の環境の部分的な証拠しか得られないとヴェラが述べたことに、特に興味をもっていた。議論をつうじて、かれらはある研究プロジェクトを立案した。自然に牧草地となった草地は（草の花が摂食されるために）花粉をほとんど生成せず、このことが堆積物コアにおいて草の花粉が珍しいことを部分的に説明するだろう、という仮説を検証するプロジェクトだ。彼女はひとりの研究生のために資金を確保し、この研究によりＯＶＰではこれが実際にあてはまることが証明された。花粉記録において樹木種が優勢だったがゆえに生態学者たちは森林＝牧草地システムが存在した可能性に目もくれずにいた、というヴェラの主張に、証拠が追加されたわけだ。植物内で生成される小さなシリカ粒子であるプラント・オパールの研究が、この見方をさらに強化した。

ヴェラの仮説のもうひとつの検証は、ボーンマス大学のエイドリアン・ニュートンによっておこなわれている。ボーンマス大学は、ヴェラのもともとの発想の源であるニュー・フォレストからそれほど遠くない場所にある。ニュートンは、ここの生物多様性と社会学＝生態学的歴史の専門家で、ヴェラによって提案された植生転回の周期的な過程をシミュレートするために、手に入るすべての証拠をコンピュータ・モデルに入力している。そのモデルはまだ、ヴェラの理論が示唆する要素のうち、閉鎖林冠の森林からひらけた空き地・草地への重要な移行があって植生のサイクルが完了する、という部分を支持していない。特に、ヴェラの理論の限界のひとつは、規模の問題に十分とりくんでいないことだ。そのサイクルはどういった区域で、どういった時間の尺度で、作動しているのだろう。

ＯＶＰの意義

取り組みがはじまってから三十年も経つと、ＯＶＰにいる群れは大きくなり、厳しい冬になると多くの動物が飢えて死ぬ。このことは当然ながら、動物福祉に深い関心をもつ人々の一部に、懸念と怒りを抱かせる。その結果、ＯＶＰはしだいに、失敗した実験だといわれるようになった。ただし、その起源が帰納的推論にあることをふまえると、これは正式な科学的意味での実験というよりも、「自然デザインスタジオ」なのだと考えたほうがいいかもしれない。ＯＶＰによって生態学者と自然保護活動家は、みずからの科学と実践をささえる基本的な考え方のいくつかを、再検討することになった。もっとも重要な新事実の中には、次のものがある。

- 植生は必ずしも高木林へとむかうとは限らない。ヨーロッパの多くの地域では、かつて植生は、草食動物やその他の自然要因によって生まれた、さまざまな動的な状態で存在していた。
- ヨーロッパの人々が保全してきた自然とは、何千年にもわたる人間の介入の結果にほかならない。ポーランドとベラルーシにまたがるビャウォビエジャのような名高い森林地帯は、広大な原生林の最後の名残などではなく、草食動物の絶滅の産物である可能性がある。
- はるかに古い自然のヴァージョンは、新奇な自然のヴァージョンと共存するかたちで復元・回復されうる。

シベリアの更新世公園

オランダの若き生態学者たちがラディカルな新しい着想と実践でヨーロッパの保全運動を動揺させていたのとおなじ時期に、1万2千キロ離れたユーラシアプレートの反対側の端では、若き永久凍土学者が同様の再検討の旅にのりだしていた。セルゲイ・ジモフは、一九八〇年代にロシアの遠い辺境の町チェルスキーに引っ越した。この町は、シベリア地域における鉱山開発を支援し、冷戦下の軍事施設として使うために、深さ30から40メートルの凍土（エドマと呼ばれる）が覆う土地に氷楔をうちこんで建設された。このような基層の上に建設するには、永久凍土を温め、解凍し、再凍結する技術が必要だった。

チェルスキーからスピードボートに乗って一時間の場所で、コリマ川の幅広い湾曲部が永久凍土層に食いこみ、崖をつくっている。ここは、深いエドマ土壌の構造を研究するのに最適だ。ジモフを驚かせたのはここの土壌の内容だった。アンモニアの匂いがし、バイソン、ウマ、エルク、マンモスの骨が、崖から文字通り落ちているのだ。泥だらけの岸辺を歩いているとき、彼はひとところにかたまって落ちている骨の塊をみつけた——更新世のメガファウナの一万年前の化石だ。彼はそれらの骨を体系的に調査し、この地域の沼の多い極地のツンドラが、1平方キロメートルあたりマンモス一頭、バイソン五頭、ウマ七・五頭、トナカイ十五頭、ライオン〇・二五頭、オオカミ一頭という密度の、ゆたかなメガファウナをかつて維持していたと計算した。このことから明らかになったのは、シベリアのこの地域がかつては「マンモスが暮らす大草原」だったという驚くべき事実だった。

ジモフは、北極圏のメガファウナが突然に絶滅したことによって「ひとつの安定した生態系から別の生態系への相転移」がはじまったのだと理解した。草食動物が草を食べたり踏みつけたりすることがなくなり、植生の成長に年ごとのサイクルが出現したのだ。そのサイクルは、成長した夏草が枯れては凍土にくみこまれるにつれて、永久凍土の急速な蓄積を生みだした。

一九九一年にソビエト連邦が崩壊したとき、住民のほとんどがチェルスキーを去った。しかし、より広範な社会の激変を恐れて、ジモフは彼の若い家族と一緒に残り、自給自足的な漁師たちの分散したコミュニティに加わった。永久凍土に関する彼の研究は、彼が気候科学に精通していることをしめしていた。彼はシベリアの荒野にどっぷりと浸ることで、永久凍土が年々より深くまで解けており、これによって、より多くの温室効果ガスを放出していることをうかがわせる観察結果を得た。彼は、気候変動の科学的研究は北極研究ステーションのネットワークを連結しつつすすめる必要がありそうだということに気づいた。新しく成立したロシア連邦が安定すると、ジモフはチェルスキーに北東科学ステーションを設立した。ここにアメリカやその他の場所からの科学研究者たちを集め、ジモフは収入の一部を使って、更新世公園と呼ばれる実験プロジェクトを展開することになった。映画『ジュラシック・パーク』（ジュラ紀公園）に触発された名前だ。

ジモフは『サイエンス』誌掲載の論文で、この実験を紹介した。その号が発行されたのは、注目を集めたジョシュ・ドンランの更新世リワイルディング・アジェンダの六か月前のことだ。ジモフは次のふたつの目標について説明した。すなわち「更新世の哺乳類がみずからの生態系を維持する上で果たした役割を、より正確に規定すること」と、更新世のような草地を復元・拡張する方法を発見し、地球温暖化の進行と影響を緩和することだ。論文の中でジモフは、過剰殺戮仮説を裏づけるための議論を提示し、フランス・ヴェラのように、メガファウナ（バイソンなど）がより最近の過去まで生存していたとする歴史的証拠をしめした。彼はまた、失われたメガファウナ群を再構築するために使える、原始的な品種の存在についても述べた。みずからの研究成果にもとづき、ジモフは1000ヘクタールのツンドラとタイガを柵で囲いこみ、丈夫なヤクート馬、エルク、ジャコウウシ、バイソンを導入した。二〇一四年には、息子のニキータがプロジェクトのリーダー役をひきついだ。大きな困難でありつづけているのは、艀《はしけ》と冬氷の道でのみアクセス可能な遠方の地域に、動物たちを移動させることだ。どんな規模であれ群れを確立することはむずかしく、これら少数の動物だけでコケや樹木のツンドラから草原のステップへの相転移を促進できるという着想は、機械を使った介入なしでは非現実的かもしれない。

更新世公園の意義

ＯＶＰと同じく、更新世公園はリワイルディングの科学に大きく貢献してきた。特に以下のことがいえる。

- 過剰殺戮仮説を支持する、説得力のある証拠を提出した。
- 北極圏の生態系についての科学的見解を改訂した。以前は、ツンドラとタイガ（北方樹林）の生態系が北極圏の自然植生だと考えられていた。しかし現在では、それらは広大な北極圏のどこにおいても比較的新しいものであり、狩猟によるメガファウナの群れの消滅によってひきおこされた、位相変化の結果だということがわかっている。
- 気候変動とリワイルディングの科学を明示的に関連づけた（詳しくは第6章を参照）。
- 「マンモスのクローンを作成する」（実際には、マンモスに似た特徴をもつアジアゾウ）ための取り組みを励まし、それにより「脱絶滅」という考え方への扉を開いた（第7章で詳述）。

●リワイルディングを、気候変動問題の自然に根ざした解決策と位置づけた（第8章で詳述）。

島のリワイルディング

大洋の島々は孤立しているため、その生態系は比較的単純で、島々に移住することに成功した少数の放浪種で構成されている。しかし島々はまた、そのような孤立した状態で進化した、ユニークな種の割合が高いことでも有名だ。そうした種は、大陸にいるような捕食動物や競争相手から自由なのだ。だが悲しいことに、自然保護の世界では、大洋島は多くの種の絶滅でも知られている。絶滅は、ヨーロッパの船乗りたちが野生動物の肉や果物、その他の可食植物を積みこむために定期的にやってくるようになった、十七世紀にはじまった。より大きく、より珍しい島の種の絶滅に責任があったのは初期の航海者たちだったが、現在も進行中の絶滅と被害を島の生態系にもたらしているのは人間ではなく、後の入植者たちが導入した――または「船から脱走」した――動植物だ。

インド洋のモーリシャス島は、マダガスカルの東700から1500キロメートルに位置するマスカリン諸島にある。この島は、鳥の絶滅のもっとも悲しい物語のひとつの舞台だ。一八六一年にモーリシャスで絶滅したドードーは、国際的な絶滅の象徴となっているが、ヨーロッパ人が最初に到着して以来、モーリシャスでは他にも七十七種の在来種が絶滅している。この過程はいまも継続中で、絶滅の危機に瀕している種を救うための戦いは、ナチュラリストのジェラルド・ダレルの一九七七年の著書『黄金コウモリとピンク色のハト』で有名になった。ダレルは、導入されたラットとネコがどのように固有の鳥を捕食していたか、そして導入されたウサギとヤギによる摂餌がどのように在来の木や茂みの新たな成長を妨げ、よりひらけた、劣化した植生を生んだかを記述した。モーリシャスの多くの種の絶望的な窮状についての彼のあざやかな説明は、ますます多くの保全科学者たちをこの島にひきつけ、これが一九八四年のモーリシャス野生生物基金（MWF）の設立につながった。MWFは、モーリシャス国立公園および保全局とともに、ふたつの小さな沖合の島エグレット島（わずか0・25平方キロメートル）とロンド島（1・69平方キロメートル）を舞台に、十七世紀にヨーロッパ人が到着して以後に失われたものをとりもどすという大胆なヴィジョンの実現に着手した。これが島のリワイルディングの旗印となる、重要な取り組みのはじまりだった。

当初、MWFはモーリシャスチョウゲンボウ、モーリシャスホンセイインコ、モーリシャスベニノジコ、そしてもちろん黄金コウモリやピンク色のハトなどの、絶滅がきわめて危惧される種に対する直接の脅威を減らすことに、焦点を合わせていた。したがってかれらは、ラット、野良猫［野生化したイエネコ］、ウサギ、ヤギを根絶することからはじめ、この課題は一九九〇年代初頭に達成された。こうした行動は島にはよかったが、その後の科学的モニタリングにより、草を食べるウサギとヤギの除去によって、非在来で丈が高くなる雑草種の個体群が「解放」され、侵略的になったことが明らかになった。これにより、房状の茂みを形成する在来種の草が衰退したり、ロンド島でのみ生き残っていたマスカリンアマランサス（学名 *Aerva congesta*）などの固有植物種が脅かされたりもした。科学者たちは、草食動物がモーリシャスの生態系の機能に不可欠だったのだということを理解した。しかし必要だったのは、適切な特性を備えた草食動物、すなわち島の植生と共進化していたが絶滅した、モーリシャスのゾウガメ二種の代替種だったのだ。

さいわいなことに、セーシェルのアルダブラ環礁にゾウガメの一種が生き残っていて、これはモーリシャスの絶滅種が果たしていた役割の代役として、理想的な候補だった。しかし、島から外来種を取り除くために多大な努力が払われた後では、新たに非在来の陸ガメを導入するという考えに対しても、反対がなかったわけではない。さらに、世界的な保護基準を設定する政府間組織の国際自然保護連合（IUCN）は、種の導入についての非常に厳格なガイドラインを定めていた。そこには、絶滅危惧種をそのもともとの生息範囲以外の場所に移送することは、まさに最後の手段として、その範囲内への再導入の可能性がない場合にのみおこなわれるべきだ、と記されている。アルダブラの陸ガメを別の島々へと導入する計画は明らかにこのガイドラインに矛盾していたが、MWFおよびそれと協力する国際的な科学者たちは、分類群《タクソン》の代替は別に考えるべきだし、陸ガメの場合、もし手に負えなくなった場合も移動させるのが簡単なため、導入種が侵略的になるという心配はあてはまらないと説得することに成功した。さらに、アルダブラゾウガメは、分類群の代替を試行するには理想的な候補だった。放たれるのは動物園で簡単に繁殖でき、他の種に影響を与える可能性のある病気を運ばず、フェンスの囲いの中で飼って生態学的影響を研究できる動物だったからだ。

二〇〇〇年、エグレット島にアルダブラゾウガメの最初の四頭が導入された。当初、陸ガメたちは囲いの中で飼育された。しかし、かれらが在来植物に対してネガティヴな影響をもたないことが植物学的調査で確かめられたのちは、さらに七頭が導入され、全頭が自由に歩き回れるようになった。二〇〇八年、モーリシャスの北にあるロンド島で十二頭の陸ガメの導入がおこなわれたのが第2回。その後二〇一〇年から二〇一六年のあいだの導入によって、現在では四百三十頭以上がロンド島を闊歩している。今日、陸ガメたちはより背の高い非在来の植生を食べつくし、芝地を復元し、陸ガメの摂食に耐える適応力のある、在来植物種の回復のための場所をつくりだしている。温暖で、しっかりと食べ揃えられた植生と、陸ガメが踏み歩いた土壌がふたたび出現したことで、絶滅の危機に瀕していた大型のトカゲが立ち直り、ふたたびよく見られるものとなった。研究が示唆するところによれば、陸ガメの個体数が1平方キロメートルあたり約千二百頭の密度に達すれば、エグレット島とロンド島の生態系にもたらされる利益は、完全なものとなる。

ロンド島での陸ガメの再導入に深くかかわった生物学者のデニス・ハンセンは「メガファウナ」という概念自体がしばしば文脈に依存することを指摘した。これまで見てきたように、たとえば〈通常40キログラムを超える体重になる動物〉といった体重の閾が、メガファウナを定義するためにひろく使用されている。しかし、二〇〇九年の「忘れられたメガファウナ」と題された記事で、ハンセンとマウロ・ガレッティは、文脈こそ重要だと指摘した。かれらは、メガファウナの概念を動物の絶対的なサイズや体重を超えて拡張し、特定の生態系で最大の脊椎動物をそれに含めるべきだ、と主張した。これは、ひとつの生態系で最大の脊椎動物が、相対的に、別の生態系で最大の脊椎動物と同様の生態学的影響をもちうるためだ。かれらがいうには「ある生態系のメソファウナ（中型動物）は別の生態系のメガファウナ」なのだ。ハンセンは、100キログラムに達することがあるゾウガメは島の巨人であり、大洋島で最大の在来果食動物だということを指摘した。モーリシャスで陸ガメが再導入されるまで、現存する最大の果食動物という称号は、体重わずか0・54キログラムのフルーツコウモリに与えられていた。この事実が強調するのは、島においてはメガファウナの小型化が大陸よりもさらに進行していたということだ。この洞察に応えて、ハンセンと科学者たちのチームは、他の島でも、絶滅したゾウガメの分類群代替種として現存種を導入することを呼びかけた。それがたとえば、北西アフリカ沖のカナリア諸島などの劣化した生態系を回復・リワイルド化する手段となるのだ。

島のリワイルディングの意義

陸ガメによるリワイルディングがもたらしたものは、前のふたつの計画よりもわかりにくいが、同様に重要だ。これらの先駆的なリワイルディングのプロジェクトについては、次のことがいえる。

- 分類群代替という概念の試行に成功した。
- 種の再導入と移動についてのＩＵＣＮのガイドラインにおいて、分類群代替は別に扱われるべきだということをしめした。
- 動物による草食は、大陸の生態系だけでなく、島々でも重要な生態プロセスだという事実に、人々を注目させた。
- 島々の生態系という文脈で、大型草食動物として陸ガメを位置づけしなおした。これはおそらく島以外の生態系の文脈においても可能だ。
- 陸ガメの個体数回復を、リワイルディングの要素として導入した。これは島々に限った話ではない。

イエローストーン国立公園の生態系へのオオカミ再導入

イエローストーン国立公園の生態系へのオオカミ再導入は、リワイルディングという用語をつくったアメリカの保全活動家たちにとって、鍵となる発想だった。大陸規模のリワイルディングのアジェンダに「コア、回廊《コリダー》、肉食獣《カーニヴォア》」というキャッチフレーズをつけたのもかれらだ［コアとは核心地域のこと］。しかしこれまでの例とは対照的に、このプロジェクトは応用科学者たちの急進的なアイデアや行動からではなく、科学的な自然管理のための、官僚機構の中からはじまったものだ。イエローストーンは現在、肉食動物の再導入が、劣化した生息域を健全できちんと機能する生態系に戻すのにいかに役立つかをしめす、最良の例のひとつとしてあげられる。

イエローストーンは世界初の国立公園（一八七二年に設立）として有名で、その壮大な間欠泉・風景・野生生物は、ここをレクリエーションのために訪れる大きな目的となっている。一九七〇年代から八〇年代にかけて、生態科学は政府の自然保護機関に影響を与え、合衆国の保全運動の焦点は個々の種からよりひろい生態系の管理にまで拡大した。これが、国立公園を中核とし、グリズリーベアなどの種の個体群をささえるのに十分な生息域を含む、イエローストーン圏生態系をめざすことの原動力となった。しかしこの時点では、まだ公園内にオオカミはいなかった。一九〇〇年代半ばまでに、ロッキー山脈北部を含む北アメリカの広大な地域から「一掃」されていたためだ。やがて公園の生態学者たちは、この不在が生態系に有害な影響をおよぼしていることを認識しはじめた。特にエルクによる摂食は、高地のアスペンと川べりのコットンウッド［黒ポプラ］の林の衰退をひきおこした。また、オオカミがいない場合、コヨーテの個体数が増加し、より小さな動物たちを多数、捕食する結果となった。かつて一九四〇年代に、合衆国の保全運動の第一人者であるアルド・レオポルドは、イエローストーンにオオカミを再導入することを提案した。しかし公園の生態学者たちは、そうしないことの科学的根拠を述べるだけにとどまらず、エルクやシカなどの「より望ましい」種を保護したいという理由からオオカミは駆除すべきだと考えていた。

オオカミ再導入にあたっての二番めの主要な推進力は、一九七三年の絶滅危惧種法だった。これにより、ハイイロオオカミの個体数を、その名前が保護対象種のリストから削除できる水準まで回復すべしという、連邦指令が出された。ロッキー山脈北部は回復のための指定地域とされ、合衆国魚類野生生物局（USFW）は計画を発展させるために、山オオカミ回復チームを結成させた。その後、やっと一九九五年に最初の六十六頭のオオカミが放たれるまでに、二十年間の科学的・生態学的影響の研究と、かなりの法廷での争議がつづいた。世論調査がしめすところによると、都市部と農村部の両方で、人々の多数派が再導入を支持しており、イエローストーンへの訪問者たちには、とりわけ賛成者が多かった。けれども牧場主たちは激しく反対した。失われる家畜への適切な補償がなされないだろうと主張し、一連の法的挑戦を開始したのだ。この抵抗を克服するために、USFWは、七十年前に絶滅させられたものとは異なる亜種のオオカミを導入することを決定した。そうすることで、再導入を「本質的でない実験」として分類することができ、畜産農家との潜在的な対立を処理するためのアプローチを、ずっと柔軟にすることができたのだ。

二〇〇五年までに、イエローストーンのオオカミの個体数は三百頭をはるかに超える数に到達し、生態系への有益な影響は誰が見ても明らかなものとなった。エルクの数が減っただけでなく、その摂食パターンが変化したのだ。エルクたちは待ち伏せされるリスクを軽減するために密度の高い茂みを避け、捕食動物に追われやすくなるかもしれないひらけた場所から遠ざかった。これによりアスペン、ヤナギ、コットンウッドの木々が回復した。エルクに食べられることがなくなると、河畔のヤナギの木々がより高く成長し、水圏生態系の回復をもたらした。このことが、今度はこの地域でやはり絶滅していたビーバーたちの復活を助けた。オオカミの群れはまた、コヨーテを殺して追いだし、これがアカギツネの個体数を回復させた。そしてエルクの死体の増加が、グリズリーベア、クーガー、クズリ、ワタリガラスを含む、あらゆる種類の腐肉食動物たちに恩恵をもたらしていることが観察された。

イエローストーンへのオオカミ導入の意義

一連のオオカミ再導入は、新しい保全アジェンダとしてのリワイルディングが注目されるのに大きな役割を果たした。この再導入は、北アメリカをリワイルディングするというデイヴ・フォアマンのヴィジョンの鍵となる着想だったし、一九九〇年代後半に提案された大陸荒野（コンティネンタル・ワイルドランズ）プロジェクトにとっての重要なインスピレーションでもあった。このプロジェクトを提案したのはマイケル・ソーレ、ジョン・ターボー、リード・ノスの三人、保全生物学という影響力のある分野の創設者たちだ。かれらのリワイルディングのアジェンダは、三つの科学的前提にもとづいていた。第一に、オオカミなどの捕食動物が生態系をトップダウン的に調整しているという証拠。第二に、島の大きさと種の数のあいだの関係をしめした島嶼生物地理学の理論。先に見たように、この理論は、自然の生態系が「耕作地の海に浮かぶ孤島」になるにつれ、種の数がより低い平衡状態まで下降し、局所的絶滅をひきおこすだろうと予測している。第三に、回廊を介して自然区域どうしを接続することは、そのような「孤島効果」を克服し、広域にわたる捕食動物たちのための場所をつくりだすのに役立つだろうという認識だ。

より具体的には、イエローストーンでのオオカミ再導入は、以下のことを達成した。

- 頂点に立つ捕食動物と、そこからはじまる食物網を介したトップダウンのカスケード［カスケードとは段々になった滝のこと。段階的影響］が生態系の組み立てと機能においてどのような役割を果たすのかということに対する、科学的関心を新たにした（これについては第6章でさらに述べる）。
- 捕食動物再導入にまつわる、複雑な生物学的・社会的・政治的課題を明らかにした。
- オオカミを、深くまた矛盾する文化的意味をもつ種として、さらにはリワイルディングの象徴として位置づけ、そうすることでオオカミを政治化した。
- リワイルディングを、ウィルダネスの諸概念や、生態系を「自分たちでやってゆく」状態にまで回復させるという願いに、よく一致するものとした。

リワイルディングの各ヴァージョン

これら四つのリワイルディングの実験は、科学文献でよく参照される。だが、リワイルディングというラベルをみずから名乗るか、そのように呼ばれる、進歩的かつ率先的な保全運動は、ほとんどの大陸に存在するのだ。それらはみんな、リワイルディング・オーストラリアの創設者であるロブ・ブルースターが述べるように、「キーストーン種の再導入や保護の提唱によって生態系の機能とレジリエンスを回復すること」を強調している。しかしすでに見てきたように、この目的は、異なった生態学的歴史や自然に対する文化的態度、そして保全の伝統の違いのせいで、さまざまな国においてさまざまな方法で表現されている。『カレント・バイオロジー』誌に掲載された二〇一六年の論考で、ダビド・ノゲス゠ブラボと共同研究者たちは、さまざまなリワイルディングの試みの初期分類をしめした。すなわち、

栄養的《トロフィック》リワイルディング――かれらはこれを「大型捕食動物が果たす調整的役割にもとづいて、大きなウィルダネスの区域を回復すること」と定義した。これは一般にコア、回廊、肉食獣といった概念により語られるもので、オオカミたちとイエローストーンはその中心的な例だ。

更新世リワイルディングは一万年から一万五千年前のメガファウナの絶滅によって失われた生態系の進化的・生態学的潜在力を、絶滅した種の近縁種または機能的同等種を導入することをつうじて復元するという努力のことだ。更新世公園のみが、このタイプの現行の例。

位置移動《トランスロケーション》によるリワイルディング――かれらはこれを「機能不全に陥った生態プロセスを種の再導入によって回復しようと努める」行動と定義した。島の陸ガメのリワイルディングがこの例だ。これ

の別ヴァージョンが顕著に見られるのは「リファウネーション」［動物相再生］に焦点を合わせた南米だ。これは狩猟によって地域から一掃されてきたオオアリクイ、バク、ペッカリー、ジャガーといったより大きな種を再導入することを意味する専門用語で、アルゼンチンでのイベラー・プロジェクトをその中心的な例と考えていい（127ページ参照）。

受動的リワイルディングとは第四の一般カテゴリーで、人間による風景の操作を減らすことをつうじた、生態系の営みの解放のことだ。これはここまでに述べてきた四つの例の望ましい終着点なのだが、世界の多くの地域で農民たちが限界地の耕作や伝統的な牧畜を放棄することによって自然発生しているものでもある。

多くの実践的なリワイルダーたちは、アカデミックな専門家たちによってリワイルディングの定義が決められることで、保護＝保全の新しいアプローチを構想し実験する自分たちの能力に、制約が課せられることを心配している。かれらは、国際的な保全の政策立案者たちがそのような定義を使用して、どのようなリワイルディングがなされるべきか、あるいはなされるべきでないか、そしてそれがどのように実践されるべきかを、制限するようになることをおそれているのだ。その不安はもっともだ。本書の後半で議論するように、実践的なリワイルダーたちは、農村の気候変動、耕作地の放棄、農村の過疎化、壊滅的な洪水や山火事のリスクの高まりなどの、さし迫った社会的・環境的問題の解決に役立ちうるリワイルディング的アプローチを構想している。そうした革新によって、実践的なリワイルディングの多様性は増すため、リワイルディングをあまりに性急に整理してしまおうとする動きには反論するのだ。

5　野生の自然——さまざまなカスケード、空間、ネットワーク、エンジニアたち

リワイルディングの核心をなすのは、二十一世紀の保全運動の新たな野心的目標設定のために生態学的歴史から学び、インスピレーションを得た上での、生態系の回復だ。それは復元生態学という分野に似てはいるものの、態度と焦点が異なる。リワイルディングとは、時計の針を戻し、傷ついた生態系を任意の過去のベースラインにまで回復させることではない。そうではなく、生物のコミュニティと物理的環境とのあいだの相互作用ネットワークと、そうした相互作用から生じる生態学的プロセスを、回復することなのだ。リワイルディングは、生態学的な新奇性に対して、より自由で寛容な態度をとる。リワイルディング的見方によれば生態系には後戻りはなく、相互作用とプロセスが回復するにつれて、生態系は新しいかたちをとる。それらの生態系は過去を想起させることはあっても、過去とは違ったものだ。多くのリワイルダーたちは、より広範な生態系回復を始動させるために、生態系を「アップグレード」することを熱望している。しかしそれは、より持続可能・生存可能な未来にむけて社会をみちびくのに役立つ方法でなされるべきだ、とも考えている。

この観点からリワイルディングは、第3章のふたつめのセクションで説明した、地形の歴史的改変

のいくらかを元へ戻そうとする、生態工学の一形態として理解できる。この取り組みを成功させるには、生態系の成り立ちと生態プロセスを徹底的に理解することが必要だ。一九四九年にはすでに、チャールズ・エルトンは、生態学的コミュニティと生態系の機能の総体を説明するための統一理論が必要だと訴えていた。しかし、これは今なお見つかっていない。実際、一九七〇年代後半になると、生態学のもうひとりの主要人物であるリチャード・サウスウッドが、次のように結論づけていた。すなわち、生態系とは非常に複雑なもので、自然界の多様性のパターンを説明できる単一の理論はなく、となると一連の補完的な理論を考えだす以外にない、と。

これこそリワイルディングの科学で採用されているアプローチだ。この章では、リワイルディングの科学を構造化し、かつリワイルディングの実践をどうデザインするかをしめしてもくれる、三つの理論をさらに深く掘り下げる。それら三つとは、栄養カスケード理論、「恐怖の風景《ランドスケープ》」、そしてエコスペース（環境空間）だ。エコスペースは他のふたつよりも新しい理論で、生態系の生物学的・物理的な構成要素をむすびつける。これらについて見てゆくとともに、リワイルディング関係の文献に散見される生態学のジャーゴン（独特な専門用語）のいくつかの意味を説明することにしよう。

栄養カスケード

栄養カスケード理論は、リワイルディングの科学に役立つ重要な概念のひとつとして注目されるようになっている。この理論は、食物連鎖のレンズを通して、生物間の相互作用を理解しようとするものだ。調べられるのは（たとえば捕食動物と獲物のあいだに見られるような）相互作用の有無が、生態系の複雑さと構造、そしてその環境の生物・非生物の構成要素間の化学的・物理的・生物学的相互作用から生じる生態系プロセス（分解や栄養循環などのこと）にどのように影響を与えるかということだ。

三人のアメリカの生態学者、ネルソン・ヘアストン、フレデリック・E・スミス、ローレン・B・スロボドキンがこの理論を導入したのは一九六〇年代だったが、リワイルディングのプロジェクトの数が増えるにつれ、科学者たちはこの理論をさらに発展させてきた。「栄養の《トロフィック》」という用語は栄養に関わる食物資源のことをさす。この概念は伝統的に、捕食動物を頂点とし、次に草食動物、そして一次生産者（植物など）へとつづく、連続性のことをいった。「カスケード」とはもともとトップダウン効果を意味するが（そもそも階段状に流れる滝のこと）、現在では多方向のネットワークへと連鎖してゆく効果をさす。第4章で記述したイエローストーン国立公園へのオオカミ再導入は、トップダウン型栄養カスケードの古典的な一例だといえる。しかし、バイソンのような大型草食動物のことを考えるとき、栄養層間の関係はよりこみいったものとなり、栄養的相互作用の複雑なネットワークへとひろがってゆく。

デンマークのオーフス大学で、「変化する世界の生物多様性ダイナミクス研究センター」をひきいるイェンス＝クリスチャン・スヴェニングは、栄養カスケード理論とそのリワイルディングへの応用の第一人者だ。「より野生的な人新世のための科学――栄養リワイルディング研究の総合と将来の方向」と題された二〇一六年の重要な論文で、スヴェニングと同僚たちは、肉食動物のみを頂点消費者とみなす伝統に疑義を呈した。古典的な栄養ヒエラルキーでは、大型肉食動物は（かれらが捕食する）大型草食動物の上にいすわっている。しかしスヴェニングのチームは、大型草食動物こそ食物消費

（草を食べる）と生産（糞および死体の）を介した複雑なカスケード効果の頂点にいること、そして一部の草食動物（ゾウやサイなど）にはトップダウン型の捕食による影響がごく小さいことを、指摘したのだ。この洞察は、ショーン・キャロルの著作『セレンゲティ・ルール』とそれにもとづく受賞作映画（ニコラス・ブラウン監督、二〇一八年）の鍵となるテーマだった。科学者たちは、栄養ヒエラルキーの伝統的なピラミッド型の表象を複雑にすることで、ネットワークをつうじてさまざまな方向にカスケード効果を生みだす機能種をもつ、相互作用的栄養網という考えに、かたちを与えたのだ。

保全科学は種を形容するメタファーにみちている。フラッグシップ（旗艦）種、キーストーン（要石）種、アンブレラ（傘）種といった呼び名が、よく使われる。「キーストーン種」という用語は、それらの種が含まれる生態系に対して大きな影響力をもち、いなくなれば生態系が変わってしまうだろうという種をさす。この用語はリワイルディング文献でひろく使われるが、現在では多くの科学者たちが「機能種」という用語のほうを好んでいる。これはある生態系をまとめあげる、中心的で頂点に位置する種を思わせるキーストーンというメタファーが、生物ネットワークという現代的な生態系の理解にとって、あまり適切とはいえないからだ。というのも、単一の種ではなく複数種のネットワークが、生態系の構造と分解・養分循環といったプロセスに、とてつもなく大きな影響をもつことがあるのだ。

生息域の改変をつうじて重要なカスケード効果を生みだす機能種は、生態系エンジニアと呼ばれる。もっとも有名な機能種のひとつで、西ヨーロッパと北米のリワイルディングの象徴ともなっているのはビーバーだ。ビーバーは、農地を流れる水路を、コケ・植物・昆虫・両生類・鳥類・哺乳類にみちた、楽園のような湿地に変えることができる。ビーバーはダム・巣・水路を建設し、自分たちが食べるヤナギや水生植物でいっぱいの環境をつくりだす。かれらはそうした土木プロジェクトのために川辺の木々をかじり、倒し、複雑でダイナミックな湿地帯と水系を生みだすのだ。そんなシステムの中で、多様な植物が日光をとらえ、栄養を吸い上げる。その栄養は魚・両生類・鳥・昆虫その他の生物の生態学的な網目をささえつつカスケードしてゆく。ビーバーたちがつくる湿地系は、濾過や水管理といった生態プロセスの回復をもたらし、生態プロセスは、よりよい水質や洪水の自然管理というかたちで、人間社会にも役立つものとなる。ヨーロッパでは、人々と自然の両方にとっての価値を生むということがリワイルディングの重要な指針であり、このことが、ビーバーがリワイルディングの「アンバサダー（大使）」種とでも呼べるものになっている理由なのだ。

恐怖の風景《ランドスケープ》

二〇一〇年、ジョン・ラウンドレひきいるアメリカの生態学者のチームは、「恐怖の風景――恐れることの生態学的意味」という興味をそそるタイトルの論文を発表した。この論文の主張は、危険の予知・認識によって恐怖を感じた結果として、動物たちは明瞭な視界を確保できない場所および／あるいは捕食動物から逃げる機会を欠く場所を避けるだろうというものだ。そのような場所には、急な峡谷、水びたしの地域、あるいは森の中で倒木が重なるところなどがあるだろう。ラウンドレたちはオオカミとエルクの例（第4章でふれた）をあげ、またピューマ＝ミュールジカ＝植生構造の相互作用の長期的研究の中で、シカが捕食されるリスクの高い場所を避けたことをしめした。

生態学に恐怖という要素を導入することで、単純な捕食＝消費モデルを超えて、栄養カスケードを生みだすメカニズムへの理解が深まった。また、大型捕食動物とキツネ、ネコ、テンなどの中型捕食動物《メソ・プレデター》との相互作用が生むカスケード効果にも、これまでになく注目が集まった。中型捕食動物の種はすべて、より大きな肉食動物の餌食になる可能性があり、研究によれば、オオカミ、ピューマ、オオヤマネコなどが周囲にいるときには「姿を見せることが比較的少ない」という。このことで、中型捕食動物たちによる小型哺乳類、両生類、鳥類とその卵の捕食が減少する。ということは、大型捕食動物がいない場合は、メソ・プレデターがスーパー・プレデターとなり、小型種の大幅な減少をひきおこす可能性があるということだ。するとカスケード効果によって、他の捕食種（コウノトリやタカなど）の個体数が減少することもあるし、草を食べること、種子の放散、小動物管理といったプロセスにも影響が出る。

間接的な栄養カスケードをつくりだし、さまざまなランドスケープ（景観）にまたがる、放牧やそれに関連した生態学的プロセスの変化をもたらす要因は、恐怖だけではないかもしれない。苛立ち《イリテーション》もまた、おなじような影響をおよぼす可能性がある。恐怖のランドスケープという新しい考えを支持しつつ、リワイルディングの実践者たちは、次のことを疑問に思っているのだ。夏の数か月のあいだ、自由に歩きまわることのできるバイソン、ウシ、ウマの群れが、より標高の高い場所に移動するのは、虫に嚙まれないようにしたいという願望のせいではないか。そうした観察を見ても、栄養カスケードがさらに新しく多方向から理解されつつあることがわかる。

エコスペース——ニッチについての新しい考え方

栄養カスケード理論は、生態学的な生命の網《ウェブ》における種の喪失と再導入の影響を理解し、ある程度は予測するのにも、役立つ。「エコスペース」の概念は、それぞれの区域の状態が生物の同一性と多様性、および生態系での相互作用を、どのように決定するかを理解するための、補完的枠組を提供する。これは、環境の生物的《バイオティック》構成要素と非生物的構成要素をむすびつけるものであるがゆえにいっそう、リワイルディングの科学がしめす見方の重要な一側面だといえる。

ローカルな非生物的条件の重要性は、コットンウッドの例によってもわかる。この木はかつてはヨーロッパの川辺にふつうに見られたが、現在では多くの西ヨーロッパの国々で重大な危機に瀕している。オランダでのリワイルディングの先駆的プロジェクトによって、埋もれていた古い川が掘削され復元されたとき、何百ものコットンウッドの苗木が川べりに生えてきた。生態学者たちは、コットンウッドの種子が芽生えるためには、晩夏になると川べりの浅瀬に現れる、温かく、水位が上がった、泡立った水が必要なのだということを理解した。これは、陽光と水の運動および化学との相互作用から生まれる、季節限定のエコスペース（あるいは微小生息域《マイクロハビタット》）のすばらしい一例だ。

二〇一六年の科学論文「エコスペース——陸地の生物多様性の変化を理解するための統一的枠組」で、オーフス大学のアーネ・キルスティーネ・ブルンビェルとラスムス・アイアネスなどは、生物的側面と非生物的側面をひとつの概念のもとに統合することで、リチャード・サウスウッドがあまりに野心的すぎて不可能だと考えていた、統一理論を提供しようとした。ブルンビェルとアイアネスがいうエコスペース——エコロジカル・スペースの省略形——の概念は、エルトンとサウスウッドによる基礎的な仕事の、再解釈によって生みだされたものだ。この先行する仕事は、生息域《ハビタット》とニッチの概念を生み、保全の考え方と政策に長いあいだ強い影響をおよぼしてきた。生息域またはニッチの概念は、生物が必要とするものに焦点を合わせている。伝統的な保全は、ある種または一セットになった数種に必要な環境条件を提供する生息域を、分類し、保護し、管理する。これに対してエコスペースは、生物の成長を可能にする条件と資源に焦点を合わせている。瑣末だと思われるかもしれないが、この違いは大きい。というのも、エコスペースは「何であるか」を理解するための枠組を提供するのではなく、「何が変化しうるか」——すなわち、存在にいたる過程や稀少になったり絶滅したりする過程——を理解するための枠組を提供するものだからだ。言い換えれば、生息域の概念は、いま私たちの目のまえにある自然のニーズに、保護と管理によって対応することを可能にする。これに対してエコスペースの概念は、自然が回復し生態系が再拡大するのを助けるような、行動の青写真を提供するものなのだ。

自然界にはさまざまな程度の差がある。温度の違い、日射量の違い、湿度の違い、土壌のpHの違い、栄養分の違い、水の濁度の違い、基質の安定性の違い——リストはほとんど無限につづく。これらの変数は、さまざまなやり方、さまざまな場所、さまざまな時間に組み合わされて、植物が成長し、動物が休息し、摂餌し、繁殖し、移動することのできる、条件と資源を生みだす。時間と空間の中で一貫して出現する一連の条件は、種が進化し生命が栄える、さまざまな可能性を提供する。条件のうちいくつかは、たとえば水位が上がった川が川べりでのコットンウッドの種子の発芽の条件をつくるように、季節的で、きわめて局所的だ。あるいは、より安定して広くゆきわたった条件の組み合わせもある。たとえば栄養の少ないアルカリ性土壌は、それに適したハーブ類（草本植生）は繁栄するものの背の高い木本植生は繁栄しない、という条件と資源を提供する。とはいえ、そうでない条件の組み合わせも、特定の時期に周期的に出現し、移住性または可動性の高い種をささえる。二十四時間ずっと日照がある北極の短い夏、ベリー類がたくさん実っている茂み、秋の水たまりの周囲のぬかるみ。これらはすべて季節性エコスペースの例だ。

人間による地形の設計・管理や農業は、非生物的な一連の条件・資源の多様性とパターンを、大幅に減少・変化させた。リワイルディングの目標とは、土木工事による改変や農業の介入から地形を解放し、エコスペースの多様性とゆたかさがふたたび現れるようにすることなのだ。川のリワイルディングは、エコスペース思考のよい例だ。多くの低地の地域で、自然に編目状になり死水域《バックウォーターズ》や三日月湖、砂利の土手を形成した河川は、そこでの航行を可能にすると同時に水浸しの土地を排水し洪水を管理するために、土木工事により水路とされてきた。川の流れを集中させることで、水の勢いは増し、砂利を洗い流し、流送土砂を増やし、水路を深くする。水系は単純になり、わずかな数の支配的エコスペースだけになる。それらのエコスペースはまだ、重要な植物・無脊椎動物・魚・鳥のコミュニティをささえる淡水生息域だが、条件の幅が限定されている——生命の多様性とゆたかさは減少する。土手に打ち込まれた杭、堰、排水システムといった構造物をとり除いて「生きている川」をつくりだすこと、そして埋めたてられたり泥が堆積したりしている編目状流路や死水域をふたたび掘りおこすことで、川の流れや、洗掘と堆積のパターンが復元される。

オランダはこの分野で、特に先進的でありつづけている。ＡＲＫネイチャーのようなリワイルディング組織は、河川ともともとの氾濫原を再接続することをめざして、煉瓦・骨材［砂利］企業と協働している（第8章でさらに詳述する）。砂利の川床・土手・水たまりがふたたび現れることで、微小なものから中規模のものまで、無数のエコスペースが生まれる。たとえば、砂利のすきまは水生無脊椎動物のすみかとなるし、浅瀬の砂利はさざなみを生み、水に酸素を供給して、魚が産卵するのに理想的な条件をつくりだす。そして季節によっては乾燥する砂や砂利は、チドリ（小さな渉禽類）に営巣地を提供し、一年生の河川植物の生育条件をみたす。加えて、ダイナミックな河川は砂丘や砂利の土手を形成し、透過性ダムをつくりだす。それは水から栄養素を濾しとり、特定条件下で生きる水生植物や動物が出現する、局所化された生態系のための条件を整える。

以上のことは、生息域とニッチという用語を使っても、おなじように記述できるかもしれない——河川の土木構造物をとり除くことで、無脊椎動物にニッチを提供する砂利の生息域が回復できる、というように。けれども、エコスペースの概念（そしてもちろんリワイルディングの概念）の中心にあるのは、生物拡大《バイオティック・エクスパンション》という考え方なのだ。生物拡大とは、物理的なエコスペースが、いかにして生物の命と有機体の形成を集積・多様化する基盤となるかを問題にする。たとえば先ほどの例では、砂利の浅瀬がサケに産卵場所を提供し、次にサケがクマやワシの食料となる。クマやワシはサケの一部を消費するにとどまるかもしれず、そうするとその場に腐肉のエコスペースを残すことになる。するとそのエコスペースは腐肉食動物やハエたちに食料を提供し、また、そのエコスペースの下にある土壌に栄養を与えるだろう。

もちろん、動植物が他の動物たちが生きるための条件や資源をつくりだすという洞察は、新しいものではない。それは長いあいだ研究され議論されてきた、食物網《フード・ウエブ》という概念の一部だ。しかしエコスペースの概念は、生態学者や保全活動家たちに、動植物の物質的蓄積が、生態系が拡大し多様化する条件をどのようにつくりだすかについて、より深く考えることを促す。たとえばビーバーが倒した木の切り株が、サルノコシカケが育つ条件をどのように提供するのか、あるいは牛糞がいかに糞虫のための一時的なエコスペースを生むか、といったように。糞虫はそれを自分の巣穴まで転がし、より広範な草地のエコスペースに、土壌有機物と栄養資源を増加させる。

エコスペースの拡大は生物間に栄養の相互作用の網をつくりだし、栄養循環のような有機生命と無機プロセスのあいだの相互作用をつくりだす（次の第6章を参照）。本書がどうして草食動物に特に注目してきたかといえば、今日、草食動物がエコスペースの拡大と、ある地域における動植物のゆたかさに、とてつもなく大きな役割を果たしていることがわかっているからだ。草食動物たちはたくさんのやり方でエコスペースを拡大する。糞の提供がまずひとつ。二番目はその死骸だ。草食動物たちの死骸は、微生物・寄生生物のゆたかな生態系をささえる。そして死肉として、バクテリアからウジ、甲虫からキツネまで、多様な生命が生きてゆく条件をつくりだす。第三はかれらの草食、踏みつぶし、転げまわりといった行動で、これが植生と物理的基質を多様化する。たとえば、夏にはウマの群れが地面を足で蹴り歩き、温かい剥き出しの土でトカゲたちが繁殖する条件をつくりだすだろう。そして冬にはウマたちは樹皮を剥ぎ、樹木はカルス（癒傷組織）によってそれを修復し、そこはクモたちのためのシェルターとなり、クモは林間の鳥たちの餌となる。第四に草食動物たちは、毛皮に取りこまれたり消化管を通過したりする種子による、ある区域から別の区域への種の運搬をつうじて、エコスペースの拡大に寄与する。要約すれば、大型草食動物たちは生態系の中できわめて大きな役割を果たしているのだ。そして数千年来の野生種としての大型草食動物たちの減少、もっと最近では使役・牧畜動物としての大型草食動物たちの減少は、生態系の複雑さの縮小につながっている。

種のプールと生態系の拡大

エコスペースが再拡大する規模と速さは、そこにある「種のプール」によって決まる。サルノコシカケは、近くに胞子を生成する別の菌が存在する場合にのみ、切株上で成長することができる。大型草食動物の死骸が腐肉食動物のエコスペースをさらに拡大するのは、ハイエナ（アフリカの場合）やイノシシ（ヨーロッパの場合）が周囲にいて、死骸の厚い皮を破ってくれることで、かれらより非力な腐肉食動物たちに資源利用を可能にする場合だ。リワイルディングは生態工学の実践として、ローカルな種のプールから欠落している機能的な種を導入する──モーリシャスのゾウガメや、オランダのデルタ地帯の「脱家畜化された」ウマやウシなど。しかし、生態系の複雑さを生みだす無数の小さな種を再導入することは非現実的であり、このためリワイルディング・プロジェクトの成功は、より広いランドスケープ中に存在する、より小さな種のプールにかかっている。

一部の保全専門家たちは、リワイルディングが新式のよりよい保全アプローチとして提示されることで、それが過去の保全の努力を結局は最適ではなかったとほのめかしているのではないか、という不満をもらす。しかしエコスペースという概念の助けを借りるなら、生息域の主要範囲とそこに生きる種の保護を中心とした、伝統的な保全を拡大する補完的なアプローチとして、リワイルディングを位置づけることができる。伝統的な保全のアプローチは、種のプールを保護・回復し、ランドスケープ全体にわたる一定の接続性を維持するのに、かなりの成功を収めてきた。リワイルディングの科学——特にエコスペースと栄養カスケードの概念——により、科学者たちは、これらの種のプールを拡大し、生態的な相互作用の網《ウエブ》として再構築することを可能にするような、介入のあり方を設計することができるのだ。「最良のものを保護し、残りをリワイルドせよ Protect the best, rewild the rest」というキャッチフレーズは、保全の伝統的な「組成主義《コンポジショナリスト》」形式とリワイルディングの新しい「機能主義《ファンクショナリスト》」アプローチの、こうした前向きな相互作用を表している。

生態の復元とリワイルディング

リワイルディングが、以前からある考えや実践の単なる再パッケージ化にすぎないかどうかは、科学文献で活発に議論されている。二〇一八年、三十七人の科学者たちからなる国際チームが、「リワイルディング」という用語を使うのはやめるべきだと主張し、すべての正式な科学・政策・保全の議論においては「回復《レストレーション》」を使用するように要請する論文を発表した。かれらは、リワイルディングには多くの定義があることを正しく指摘した。たとえば栄養リワイルディング、更新世リワイルディング、島のリワイルディング、受動的リワイルディングなどだ。このことからかれらは、この用語が厳密な科学的使用および政策への転用には適さないと主張した。さらにかれらは、リワイルディングの科学・実践と、すでに確立された学問分野である復元《レストレーション》生態学の科学・実践のあいだにほとんど違いがないと論じ、それゆえに私たちは復元生態学という用語にもどるべきだ、と主張した。

表2　リワイルディングと復元生態学の比較

項　目	復元生態学	リワイルディング
学科的分類	生態学	生態学主導だが学際的
論理	線形思考	システム思考
復元のベースライン	植民地主義以前、産業革命以前	多様、更新世後期以降
復元のねらい	生息域の構成と種の個体数	生態系の構造・機能・プロセス
復元の結果	特定的で管理される	不確実かつ展開する
分類群の焦点	植物、優先種	機能種とメガファウナ
生態系の焦点	構成要素と組み立て	相互作用と（生物的・非生物的な）ダイナミクス
景観の焦点	接続性	分散と攪乱
介入の水準	高く、継続的	「みずからの意志をもつ」生態系の条件を整える
モニタリングの焦点	種の構成および地位、分布	栄養的複雑さ、自然な攪乱と接続性
気質《エトス》	防御的、保護主義的	攻撃的・実用的・創意的
自然と人々	通常は分離	統合を切望

ある程度までは、かれらは正しい。リワイルディングはまさしく復元生態学の一形態だが、すべての復元生態学がリワイルディングだというわけではない。前章で述べたように、リワイルディングの科学は生態学主導だが、広範な分野からの理論と洞察を活用し、まとめ上げている。加えてリワイルディングの実践は、「古典的」復元生態学からいままでに出現したどんなものよりも、創意工夫があり急進的だ。**表2**は、復元生態学（現在考えられているもの）とリワイルディングの重要な違いのいくつかを確認したものだ。私たちの見解ではリワイルディングとは、新たな復元生態学への出発を知らせるものなのだ――それはより学際的で、線形思考ではなくシステム思考を優先するものであり、恣意的な過去のベースラインのテンプレートをめざして生態系を復元するのではなく、生態系が回復す

るための条件を創出することを目的としている。

言い換えれば復元生態学は、生息域の復元と種の再導入を超えて、人間の介入を減らすことで生態系が再拡大し機能するように条件を「リセット」するときに、リワイルディングとなるのだ。これは、過去の生態系を想起させる生態系をもたらすかもしれないが、それらは異なる生態系、業界用語《ジャーゴン》を使うなら「新奇な生態系《ノヴェル・エコシステム》」である可能性が高い。リワイルダーたちは「新奇な生態系」を取り立てて問題にすることはないが、復元生態学者たちはテンプレートにとりくむことを好む。さらに重要なことに、リワイルディングは「大きなもの」の復元に(それればかりというのではないが)強く焦点を合わせており、もしもメガファウナがふたたび生態系の一部になれば、「小さなもの」の大部分はおのずからついてくるだろうと考えるのだ。

複雑な生態系を回復すること。手引きとして

二〇一八年、ヨーロッパ中から十六人の生態学者のグループがドイツのライプツィヒに集まり、リワイルディングと生態学のこれまでの展開を見直して、リワイルディング研究と実践的行動を先導しうる枠組を作成した。権威ある雑誌『サイエンス』に「複雑な生態系をリワイルディングすること」という題名で発表されたその枠組は、生態系回復の科学を三つの鍵となるプロセスに要約した。すなわち「栄養的複雑性」「ストカスティック(ランダム)な攪乱」「分散」だ。かれらは、どの生態系の状態も、これら三つのプロセスを軸とする三次元空間にプロットできると主張した。中央のピラミッドの体積は、ある現存の生態系のゆたかさ・多様性・レジリエンスの程度をしめす(図3)。これは

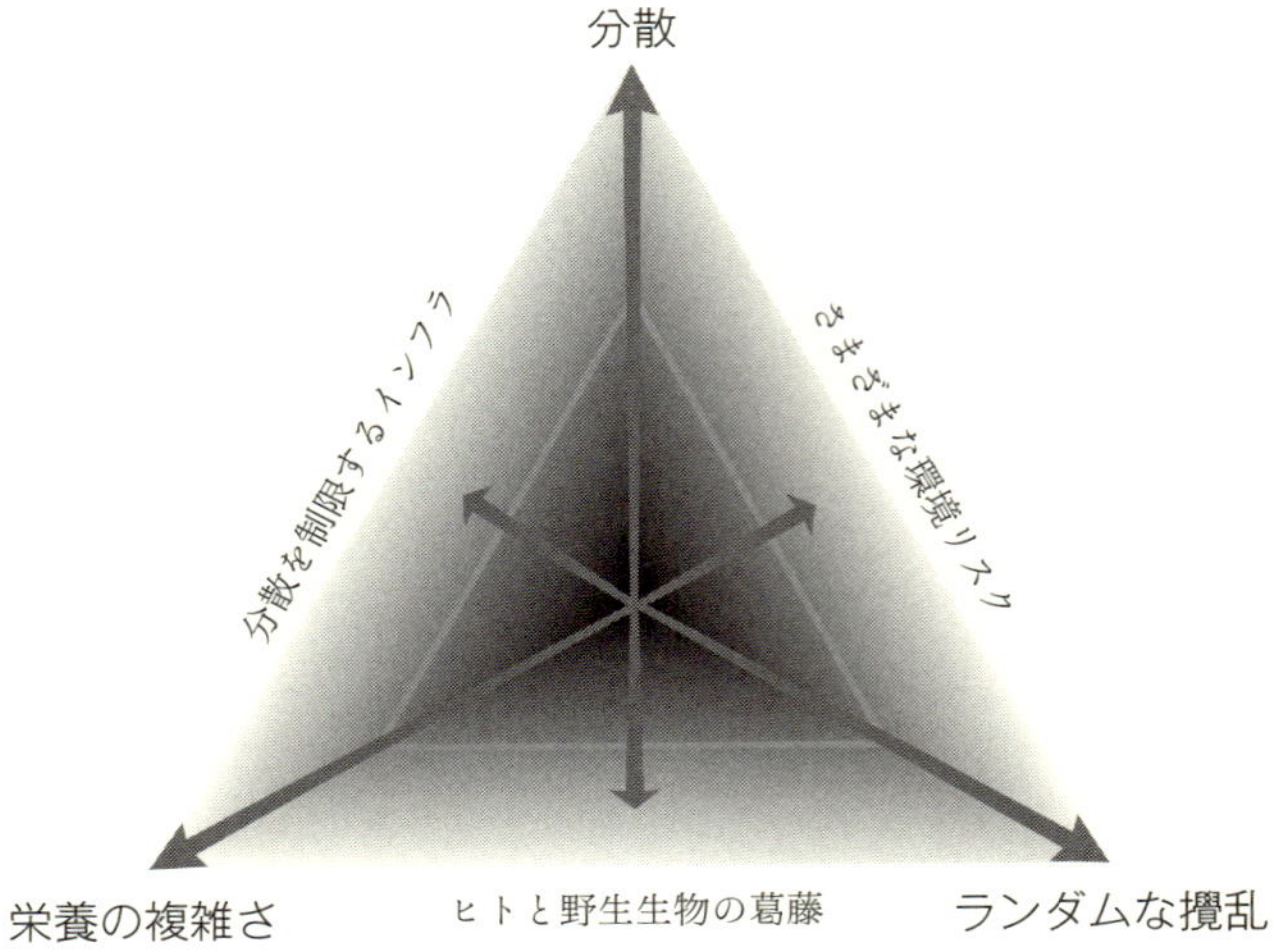

図３　生態系回復の３つの次元
ペリーノ他「複雑な生態系のリワイルディング」（『サイエンス』誌、2019年）を元に作成。

生態系の科学が発見したさまざまな差異を、自然の状態や私たちが保護する地域についての、重要で新しい問いを発するためのレンズへと変換してみせる。栄養的相互作用はどれくらい複雑か、生物はどれくらい容易に分散しているか、自然の攪乱はどれくらいの頻度でおきているか？　これらの問いが今日の景観《ランドスケープ》や、私たちが保護する自然区域について発せられるとき、答えはたいていの場合「あまりない」というきびしいものとなってしまう。

実践的リワイルディングには、実行可能なものという制約の中で、それぞれの軸に沿って歩を進めていく行動が含まれる。このことについては第8章でさらに詳しく議論するが、ここで注意しておきたいのは、ほとんどのリワイルディングの試みが、やってみなければ結果のわからない、生態学的回復の実践的実験だということだ。いまのところまだ、実際にそれぞれの軸上の数値を上げていく努力をささえられるような、より詳細な証拠を提示する科学的研究は、ほとんどない。たとえば、すべての軸を同時に進めることが重要なのかどうかはわからないし、ひとつの軸を高める行動が他の軸を高める結果につながるかどうかもわからない。生態系を「配線しなおし」、生態系のアップグレードを「キックスタート」して生態学的プロセスを回復する科学は、まだまだはじまったばかりだ。

6 地球システムへの影響

ここ数十年で、地球システム科学が、新しい分野として確立されてきた。生命の条件をかたちづくる、相互作用する諸部分の動的システムとして、地球を理解しようとするものだ。地球のサブシステムのうちもっとも高位の水準にあるもの（圏）は、地圏（固体部分――土と岩）、大気圏（地球をとりまくガス層）、水圏（あらゆる形態の水――つまり液体・固体・蒸気）、生物圏（前記の三つにおいて生物が住んでいる部分）にわかれる。太陽熱と地熱は、蒸発・浸食・光合成といったプロセスの動力となる。これらのプロセスはすべてつながっており、生命が繁栄するために不可欠な炭素・酸素・水素・窒素その他の物質を、さまざまな圏において、またそれらのあいだで輸送する、大きな循環を形成する。

さまざまな生命・地球科学の分野で、システムのさまざまな側面が長いあいだ研究されてきたが、ホーリズム的な超分野のヴィジョンが浮かび上がったのは、NASAが将来の研究の方向として「地球システム科学」という用語を採用した一九八〇年代になってからだった。この時期には、リモート・センシング技術の進歩、全地球的データベースの拡張、より強力なコンピュータと洗練されたコンピュータ・モデルによって、さまざまなプロセスとサイクルを、相互連結された地球システムというモデルへと統合する可能性が生まれた。気候変動——システムの相互作用の創発特性*——を理解し対応する必要性が地球システム科学の重要性を高め、また、地球のさまざまな系に対する人間活動の影響を目に見えるようにした。地球システムに対する人類圏《アントロポスフィア》（人間文明）の規模と影響は非常に大きいため、新しい地質時代をあらわすために「人新世《アントロポセン》」という用語がつくりだされた。

人新世がいつはじまったかについては、多くの議論が交わされている。地質学的概念である以上、ある時代から別の時代への移行は、岩石層において見られる必要がある。初期の人類が更新世初めに火を使いはじめたときや、かれらの活動が世界のすべての大型哺乳類の約半分を絶滅させたとき、地球システムに大きな影響を与えたことは、ひろく認識されている。たしかにこの章で後に見るように、メガファウナの絶滅が人間に起因する最初の地球温暖化につながったことについては、しだいに増えている証拠からうかがえる。しかし、火の影響もメガファウナの崩壊の影響も、各地で均等ではなかった。いずれも、さまざまな大陸でさまざまな時期に発生した一連のイベントの結果であるため、人新世をしめすマーカー（専門的には「国際標準模式層断面・地点［GSSP］マーカー」と呼ばれる）とするに必要な精度を欠いているのだ。「近代的」人新世の正確な開始時点もまだ決定されていないものの、専門家たちは一九四五年（ニューメキシコ州アラモゴードでの最初の原子爆弾実験）から一九六五年のあいだ、すなわち何度もの核爆発のあとにちがいないと考えている。核爆弾からの放射能は、地球全域の氷と岩石の堆積物中にプルトニウム239同位体の「黄金のスパイク」（きわだって増加しているところ）として見ることができる。これはとりわけ、核爆発からの放射性降下物がもっとも多かった北緯三十度から六十度のあいだで顕著だ。

これまでの章で見たメガファウナ・植生・生態系構造のあいだの相互作用に関する新しい知見から、科学者たちはメガファウナの終焉が、生態系機能の大小の変化に由来する影響を地球システムへおよぼしたかどうかを、問うようになった。およぼしたのならば、と科学者たちは仮定してみる。リワイルディングは、そしていま述べた相互作用プロセスを回復するようなリワイルディングの力は、持続可能でより活力のある人新世をつくりだす努力に役立つのだろうか？　リワイルディング科学についてのこの新しい「大局的」な見方は、すべてモデリングにもとづいており、いまなお思弁的なものに留まっている。だがそれは、地球が直面している最大の課題のいくつかを、自然のプロセスが解決する可能性について、魅力的で目をひらかれるような洞察を、たしかにしめしている。これらの解決策については第8章でさらに詳しく見てゆくが、いまは地球システム科学とリワイルディング科学の関連について、さらに深く掘り下げることにしよう。

巨大動物たちの世界における全地球的栄養輸送

ヤドヴィンダー・マーリ教授がひきいるオックスフォード生態系研究所は、生態系の機能と、それが全地球規模の気象変化や人間活動に起因する変化とどのように相互作用するかについての研究をリードする、中心的な機関だ。二〇一四年三月、この研究所はメガファウナと生態系機能に関する画期的な国際ワークショップを開催した。その目的は「更新世後期以降の生物圏機能の変化と現代の生態

＊　創発特性とは、個々の構成要素にはないけれど、システムとして見たときに現れる、属性・質・特徴のことをいう。

系作用についての理解を深め、さらには科学的情報にもとづいて可能・適切であればメガファウナの機能を回復するということに関して、理論的根拠と枠組を提供する」というものだった。

クリス・ダウティーはこの研究所の若手研究者で、このワークショップの前段階で『ネイチャー・ジオサイエンス』誌に、アマゾン川の栄養生物化学に対するメガファウナの影響を考察する論文を発表していた。彼はこの後さらに、地球規模の栄養循環における動物の役割に関するふたつの論文を発表し、メガファウナの衰退が、大陸間・大洋間・淡水・陸のあいだの栄養素の流れをきびしく制限したという証拠を提示した。ダウティーの野心的で冒険的な研究が物語ることは、生物圏についての私たちの考え方を再定義しつつある。

栄養素は成長に不可欠であり、すべての農民や庭師が知っているように、窒素とリンは植物の成長を促進する。これは、これらの元素が細胞膜とDNA、そして細胞プロセスを駆動する化学物質の作成に必要なためだ。これらの元素はまた、動物の骨や歯の形成にも必要とされる。植物はこれらの栄養素をイオン*のかたちで土壌からとりこむ。植物のことを一次生産者と呼ぶが、それは太陽光エネルギーを、光合成を介して、生体を構成する物質に変換することができるからだ。植物《プラント》とは、生物圏の「発電所《パワープラント》」そのものなのだ。海洋および淡水システムでは、藻類と植物プランクトンがおなじ働きをし、水で希釈された栄養素を抽出する。生命が繁栄するためには、これらの栄養素が絶えず補充される必要がある――ここに、メガファウナ、鳥、そして魚たちが関わってくるわけだ。

動物の消化は、植物や動物を構成する物質の分解を増大させ、糞を介して、他のかたちの分解よりもすみやかに、栄養素をもういちど生態系に放出する。牛糞《カウパット》や他の草食動物の糞には、窒素・リン・カリウムが豊富にあり、ワーム類や甲虫、その他の無脊椎動物たちは、それらの栄養を土壌にひきこみ、栄養循環を完結させる。海洋システムでは、植物プランクトンは小動物によって食べられ、小動物はより大きな魚・鳥・クジラなどに食べられる。これらはすべて排便することで、栄養を海に戻したり、陸に蓄積させたりする。食物連鎖を上っていくにつれ、大きな動物ほどゆっくりとした消化器系をもっており、長い距離を移動する傾向があることがわかる。ダウティーはこれらのことから、大型動物たちが栄養素を輸送し、栄養素の豊富な区域から貧しい区域へと拡散させているにちがいない、と考えた。

ダウティーはマーリの助けを借りて、メガファウナの絶滅とクジラ・遡河魚（淡水で繁殖するがほとんどの期間は海で生活する魚）の大規模な歴史的衰退が栄養の輸送を減らし全地球的な栄養循環に影響を与えたのではないかという命題を探求するための、コンピュータ・モデルを開発した。これは選択された種について、体の大きさ、食物消費量、食物通過（排便）率に関するデータと、それらの一日の行動範囲、過去および現在の分布、予測される個体数に関するデータをくみこんだ方程式を開発することでもあった。この情報を使用すれば、各動物の「歩幅《ステップ・サイズ》」を計算することができる。次にかれらは、地図上のグリッドに栄養価を割りあてるモデルにこのデータを入力し、現在の栄養の利用可能性の地図を、栄養素を排泄するメガファウナの過去の分布および個体数によって予測＝出力された地図と比較することで、栄養素の流動とその変化をモデル化することを可能にした。

＊　イオンとは、電子を獲得または喪失した分子内の原子のことで、正または負の電荷を帯びている。

かれらの最初のモデルはアマゾニアに焦点を合わせていた。そこには、リンの供給が、森林において樹木の生育を決める栄養の鍵であることをしめす、多くの証拠がある。アンデス山脈の浸食によりリンが土壌に放出され、支流をつうじてアマゾン川の氾濫原に流される。ダウティーとマーリのモデルによると、メガファウナが絶滅したあと、森林内部へのこの栄養素のラテラルな（横方向の）移動は、98パーセント減少した。かれらは、ゴンフォセレや巨大ナマケモノなどの大型草食動物たちが、今日よりも50パーセント多くのリンをアマゾニア内陸部に輸送していたであろうと推測した。要するに、八万年から一万年前におきたメガファウナの衰退が、アマゾン盆地における氾濫原とそれ以外の土地とのあいだの栄養のつながりを破壊したということだ。

その後、ダウティーとマーリは、クジラ・海鳥・遡河魚の栄養拡散能力をくみこんだ、より洗練されたモデルを開発した。科学者たちは、十万年から一万五千年前には、地球には現在の十倍多くの数のクジラ、二十倍の遡河魚、二倍の海鳥、十倍の大型草食動物がいたと推定する。そのような数字によって、かれらのモデルは、海洋生物の減少が海だけでなく陸でも栄養取得に影響を与えたということを、初めてしめした。このモデルは、海洋の栄養循環における大きな変化を教えてくれる。たとえば、（1）歴史的に見て遡河魚は、海から川を上る際、1キロメートルあたり年間1億4千万キログラムのリンを移動させた可能性があるが、今日ではその重量はおよそ560万キログラムにとどまる。（2）商業捕鯨が始まる前は、クジラが海底の栄養分を混ぜかえすと、毎年3億7500万キログラムのリンが水面に移動した。今日、その数字はわずか8250万キログラムだ。

かれらのモデルにもとづいて、ダウティーと同僚たちは（過去と現在の）地球上での栄養輸送・再利用に関する相互リンクシステムを提案し、栄養動脈という考え方を導入した。すなわち、メガファウナの分散と移動経路が栄養を、高濃度の場（心臓にあたる）から各地の陸地と淡水（身体全体にあたる）へと輸送する、という考え方だ。

動物に媒介されたこのような栄養の流れは、もっと局所的にも機能し、生態系をゆたかにしている。たとえばヘラジカは水生植物をはみ、窒素を川沿いの範囲に移動させて、より背の高い植生の成長を促す。カバは反対に、栄養を土手沿いの土地から湖沼や川の中へと移動させる。南アフリカのクルーガー国立公園では、ゾウとサイが栄養の豊富な場所と少ない場所のあいだで栄養を移動させており、ゾウが公園から姿を消した場合、栄養の分配は約半分にまで減少するだろうと推定されている。

この研究は、メガファウナの衰退が地球システムにもたらす影響をモデル化するだけでなく、リワイルディングの科学の構成要素として、栄養の放出・再循環・分配の加速を追加した。第5章では、複雑な生態系のリワイルディングの三つの軸、すなわち栄養＝食物資源の複雑性・攪乱・分散を回復することについて論じた。私たちはいま、動物の分散と栄養の分散は同一のものであり、これが栄養の複雑性や攪乱と相互作用することを、理解している。私たちの、ますます都市化が進む複雑な景観においては、分散を回復することは難しい。しかし、改善のための機会はたくさんあるのだ。たとえば、不必要なダムや堰を川からとり除くことで魚の遡上を回復させ、川を氾濫原に再接続し、高速道路を横切る「エコダクト（生態学的通路）」を設置し、フェンスをとり除いて野生生物が区域間を移動できるようにする――特に、山と低地の谷のあいだの季節的な移動を可能にする、といったことだ。

種子の分散

絶滅した大型草食動物たちが分配したのは、栄養だけではなかった――かれらは各種の樹木の大きな分散者でもあった。そもそも多くの木、特に熱帯の木々は、移動するメガファウナを惹きつけるために、大きくて果汁の多い果実を進化させていたのだ。それらのうちいくつかを、私たちはよく知っている。グアバ、ジャックフルーツ、アボカドなどはすべて、過去のメガファウナの遺産が人間による栽培を通じて保存されてきたと思われる種だ。かつて森林生態学者たちは、多くの樹種について、それぞれに特徴的な果実と種子が現在の生態系では意味をなさないのではないかと、とまどっていた。そのうちのひとり、ペンシルヴェニア大学のダン・ジャンゼンは一九八二年にポール・マーティン（第3章で登場した）とくみ、樹木がしめすそうした特徴の謎については、絶滅した更新世メガファウナに注目して解釈すれば疑問が氷解すると述べた。要点をしめすため、ジャンゼンは一万二千年前におきていたと思われる熱帯ヤシ（*Scheelea rostrata*）の結実を再構築してみせた。ヤシは、何千もの黄色い卵サイズの核果（殻のように硬い内果皮が種子を保護している核の周囲に、やわらかい果肉がついているもの）を生成する。ジャンゼンは果実が落ち、それに惹きつけられたゴンフォセレの群れが一日に約五千の核果を消費するところを想像した。硬い殻は種子をゴンフォセレの巨大な臼歯から保護した。その結果、種子のほとんどが糞として排泄され、ヤシ林の中の小道に沿って、あるいはゴンフォセレが草をはむ場所へと、分散されていった。アグティ（モルモットに似た齧歯動物）とペッカリー（小型のイノシシの仲間）は、種子が豊富に含まれる糞を食べ、嚙み割り、あるいは後で食べようと土に埋めた。これら傷がついたまま埋められた種子のいくつかはそのまま忘れられ、やがて発芽して新しいヤシの木になった。こうしてヤシの種子は、親木から遠くへ運ばれていったのだ。

ゴンフォセレとおなじく核果を食料としていた地上性ナマケモノ、グリプトドン（巨大アルマジロ）、ウマ科動物が、ヒトの狩りによって絶滅の危機に瀕したときにも、ヤシは実をむすびつづけた。しかしアグティとペッカリーはすぐに満腹になるし、食べ残された果肉が腐敗すると、それを好む昆虫種が種子に卵を生みつけ、種子はその幼虫によって破壊された。これらの種子の大部分は親木の真下で枯れ、なんとか発芽した種子も親木によって光を遮られた。こうして羽状ヤシはその分布をゆっくりと縮小させ、現在では条件が非常に良好な微小生息域《マイクロハビタット》でのみ生き残って、わずかな種子だけが一人前の木に生育している。

ジャンゼンは、失われたメガファウナをめぐるこの物語が、植物の進化を研究している生態学者たちの思考をいかに拡大することになったかを記している。研究者たちは以前には、種子の殻の壁とは害虫の幼虫が孔をあける力に対する適応なのだと考えていた。つまりかれらは、その厚さがゴンフォセレの大臼歯の粉砕力に対する適応だという可能性は、思ってもいなかったのだ。研究者たちはまた、核果において肉質の外層が進化したのは、齧歯動物に十分な食物を提供し、わざわざ硬い種子を苦労して齧るにはおよばないと思わせるためだったと考えていた。この肉質の外層は、ゴンフォセレが撒き散らす糞の山にアグティやペッカリーを惹きつけるよう進化したという可能性を、かれらは見落としていた。ゴンフォセレの糞には、消化能力が貧弱なために、まだ部分的にしか消化されていない核果がたっぷり含まれていたはずだ。

ジャンゼンとマーティンの論文以前は、ほとんどの植物生態学者たちが、ヤシやその他の樹木は、それらが見つかる森林生態系と共進化した、とみなしていた。かれらはそれらの多くが、現在の動物との相互作用がほとんど存在しない過去の遺物だという可能性を考えていなかった。大きな果実をつけた木々が大型草食動物――植生構造に影響を与え、ひらけた場所をつくりだし、栄養「動脈」を提供しただろう動物――との歴史的な共進化をしめしたという認識は、熱帯雨林が人間の活動に影響されない手つかずの自然の王国だという、ひろくゆきわたった思い込みをゆるがす。科学者たちは現在の生態系のことを、人間がひきおこしたメガファウナの絶滅と、主に過剰な狩猟を原因とするいまも進行中の動物減少《デファウネーション》過程の結果として理解するようになってきている。失われたメガファウナの機能的役割のいくつかは、家畜化された種にとって代わられたのかもしれない。たとえば、ブラジルのパンタナル生態系にある大規模な牛の牧場が、より開放的な森林構造を維持しているといったことだ。

これらの科学的進歩は、いかに対応すればいいのかという問いを生む。種の喪失が生態系に与える影響を専門とする、有名なブラジルの生態学者マウロ・ガレッティは、彼のキャリアの初期に、アマゾン南部に位置する広大なセハード［熱帯サバンナ］の生物群系《バイオーム》に関して、リワイルディングの用語を使って簡潔に問いを立てた。こう訊ねたのだ。「私たちは何を保護したいのだろう？　管理が困難で曖昧なニッチだらけの、元来の動物相《ファウナ》の不完全《インコンプリート》な補足物《コンプリメント》ばかりが住む、完新世初めの大絶滅の波を直接反映している、今日のようなセハードだろうか？　それとも大型草食動物のすばらしい多様性とバイオマスをもつ、何百万年もかけて共＝発展してきた生態系を、再現しようとしているのだろうか？」

メガファウナの絶滅と小型草食動物の個体数の減少がもたらす生態系への影響は三十年ほどまえか

ら知られており、最新の研究もまた、地球システムへの影響を明らかにしている。十五年まえ［二〇〇五年ごろ］、科学者たちは大型草食動物や果食動物の復元の効果を調べるための実験を呼びかけはじめたが、こうしたリワイルディング実験の提案は過激すぎると見られるのか、熱帯林が存在する国々の研究・保全機関ではまだうけいれられるにいたっていない。しかし気候の非常事態という文脈で見ると、メガファウナの気候への影響に関する研究は、地球上の他の地域でおこなわれている大規模なリワイルディング実験を後押しするものなのかもしれない。

最初の人間由来の地球温暖化

クリス・ダウティーによるもうひとつの挑発的な論文の副題だ。彼と共著者たちは、アラスカとユーコン川流域でのマンモスの歴史的な絶滅がシステムから草食をとり除き、カバノキ属の木々の増加と北方（亜極圏）草原から森林への移行をもたらしたことをしめした。これにより地表のアルベドが変化し、シベリアとベーリンジア［陸地化したベーリング海峡］が0・2度から1度温暖化したと思われる。

「アルベド効果」とは、地球温暖化モデルにおける重要な変数だ。これは地球表面で反射される日光と放射の割合をさす。簡単にいえば、雪は冬の日光を反射し、地球を冷やす方向に働く。濃い森は冬の日光をより多く吸収し、地球を比較的暖かくする。北極圏研究者たちは、北極圏の生態系における動物減少と栄養の貧困化の影響にますます注目しているが、これはひとつには第2章で説明した新しい年代測定技術がそれを可能にしたからであり、気候モデルによって、地球温暖化の進行が北極圏においてより速く、より顕著になると予測されているためでもある。複数のモデルが、地球全体の気温上昇の平均が2度であるのに対して、北極圏の一部の地域では4度上昇する可能性があると予測している。今日の北極圏の生態系がどのように形成されてきたのか、またどのように地球温暖化に反応・加担する可能性があるかを理解することは、喫緊の研究事項だ。残念ながら、あまりよい見通しはない。融解する永久凍土は、各国が排出量を削減し、経済を脱炭素化しようとしているまさにそのときに、大量の二酸化炭素とメタンを放出している。北極圏のリワイルディングは、永久凍土の融解と北極圏の温室効果ガスの排出を減少させ、気候変動への自然的解決策をもたらすかもしれない。

すでに第4章で、マンモスが住むステップの歴史的崩壊が現代の気候政策に対してもつ意味についてのセルゲイ・ジモフの研究と、草原システムが再創造されうるかどうかを試すために彼と息子ニキータがとりくんでいる更新世公園の実験について、簡単に紹介した。北極圏の大部分が開放的なステップ・システムだったというジモフの命題に対する科学的支持は高まっている。二〇一四年、五十二人の科学者からなる国際的なグループが発表した大変に証拠ゆたかな論文は、北極圏の植生が完新世後期には草本植物［木質の茎をもたない植物、たとえばシダ類、バナナ、ジャガイモなど］と草に支配されており、メガファウナが消滅することで、より湿潤な沼地と樹木の植生になったと述べていた。かれらの研究では、永久凍土の土壌サンプルを分析するにあたってeDNA技術*が使用された。動物や植物は、DNAの断片を土壌に残す。最新の計算技術を使用すれば、これらを再構成して参照コレクションと比較することができる。永久凍土の場合、凍結により地層間のeDNAの移動が減少するため、この手法は特に効果的だ。このグループの科学者たちは、北極圏に位置する寒冷なシステムがあれほど多数の草食動物をささえることができた理由として、草よりも栄養が豊富な草本植物の優勢をあげることができるかもしれないと考えた。ただし、花粉記録が木本植物に偏っているのとちょうどおなじように、eDNA技術は草よりも草本植物を検出することが得意であるため、この側面についてはさらに研究が必要だ。

地球の気候システムとアルベド効果に関して重要なのは、メガファウナ絶滅後の、水浸しの泥炭土壌の蓄積だ。草食動物がいない場合、夏の植生が枯れて冬の雪で水浸しになるというサイクルが生じ、そのサイクルによって有機物の豊富な土壌が蓄積され、凍結して、永久凍土をつくりだす。一部の地域では、これらの凍土はかなりの厚み――シベリア北東部では30から40メートル――に蓄積し、巨大な氷楔に貫かれている。気候が温暖化しているいま、厄介な負のフィードバック・ループが作動しはじめている。温暖化した夏は永久凍土の融解の深さを広げ（解ける部分は活性層と呼ばれる）、より湿潤になった秋は初冬の段階で以前より深い雪をもたらし、ある程度の断熱を提供する。しかしある時点で、活性層の深さが毎年の冬にそれが再凍結される深さを超えてしまい、その結果、夏の融解は年々、より深くまで進行することになる。永久凍土が解けると土壌微生物が活発になり、土壌に蓄えられた古代の炭素を大気中に放出し、氷楔は崩壊してサーモカルスト湖［融解によって生じるツンドラの湖］を形成し、そこでは微生物由来のメタンが放出される――強力な温室効果ガスだ。北極圏の永

＊　eDNA（環境DNA）とは、生物自体からではなく、土壌や水、さらには空気から採取されたDNAのこと。糞便・粘液・体毛・死骸を介して生物が環境に沈着させたDNAは、時間の経過とともに蓄積する。それは分解してゆくが、現代のDNA分析では、DNA断片を参照コレクションと照合することができる。

久凍土は陸地の全炭素の約40パーセントを含み、その40パーセントは主にシベリア北東部とアラスカの深層エドマ土壌に集中していると推定されている。モデルによって、この炭素の5から15パーセントが今世紀に大気中に放出される可能性があると考えられており、その結果、上に述べたような温暖化フィードバックはしばしば「炭素爆弾」と呼ばれるようになっている。この比喩的《アナロジー》呼び名は不必要に人を不安にさせるものかもしれない。なぜなら気候が温暖化するにつれて樹木の成長は促進され、炭素の一部を隔離するからだ。それにもかかわらず、潜在的な気候変動の影響は非常に深刻だ。だからこそ、ひらけた草食動物＝草地のステップを復元し、アルベドを減少させることで冬に地表がより寒冷になる区域をつくりだし、永久凍土を再凍結させることの実現可能性に、関心がむけられるのだ。

二〇一八年、北極圏生態学の第一人者であるマルク・マシアス＝ファウリアひきいるオックスフォード大学のチームは、ニキータ・ジモフと協力して、地球全体の気候に影響を与えうる規模での北極圏リワイルディングが可能かどうかを探る、初期計画を発表した。この状況下でのリワイルディングとは、草とハーブ類の優勢な生態系を創造・維持するような密度で草食動物を回復することを意味する。すなわち、大型草食動物が移動して食料を探す際に雪を踏みかため、雪の層を圧縮し、それが冬の土壌の凍結を深めることを奨励するのだ。このことは草による蒸発散を増大させ、土壌の水分を減少させる。すなわち温室効果ガスを放出する微生物が活発に活動する、水浸しの地面を減らす。さらには栄養循環と生産性を高め、(ツンドラの灌木と比較して) より深い根をもつ草やハーブ類に好都合となり土壌の炭素貯蔵量を増やす。ステップ状の草原が復元された場合に回避されうる炭素排出量をモデル化することは、北極圏リワイルディングが政策として有意義かどうかを評価することや、炭素排出量（1トンあたり）に値段をつけ排出量の純削減に対価を支払う市場その他のメカニズムを生みだすという新しい政策にもとづいておこなわれるビジネスを開発するためにも、きわめて重要だ。

チームはいくつかの概算を提示し、北極圏リワイルディングの実現可能性がさらなる調査に値すること、三から五か所の大規模なリワイルディングの実験が必要で、それぞれの実験は千頭の大型草食動物を含み、それぞれ十年以上の期間にわたりおよそ2千5百万ポンドの費用を要することを推定している。これらの実験は、もうひとつの重要な問いについて調査するものにもなるだろう。これらの実験を実施するのに十分な動物たちを用意するには、どうすればいいのだろうか。また、動物たちが説得力のある結果をもたらしたなら、将来的にはどのように規模を拡大すればいいのか。実験を開始するには多数のバイソンとウマが必要だが、これらの供給源はほとんどない上に、北極圏の研究拠点に動物たちを輸送してから地域の条件に順応させるというロジスティクス上の課題はあまりに大きい。たとえば、仮に更新世公園がこれらの実験場のひとつになるとして、まず寒さに適応したヤクート馬が必要だし、そのウマたちをトラックと艀《はしけ》で800から1000キロメートルも輸送しなくてはならない。バイソンの場合、かなりの頭数の供給源としてもっとも近い場所は北米の大牧場であり、それはバイソンたちをロシアのマガダンまで空輸することを意味する。これは実現可能だ。ニキータ・ジモフはすでにこのルートで少数のバイソンを連れてきたが、多数のバイソンをシベリアに輸送するには、新しいインフラが必要だろう。

これに加えて、北極圏で意義ある規模のリワイルディングを試みる政治的・科学的・文化的意志を生みだす必要がある。大規模なメガファウナ・エンジニアリングは、ほぼすべての次元でラディカルな試みだ。それは世界的な公共財となるものを提供することに対してロシアや他の北極圏諸国に報酬を与えるという、高度な政治的賛同のとりつけと新たな合意を意味する。家畜の移動を担当する者は、途中で飼料がほとんど得られないままに動物を長距離にわたって迅速かつ効率的に移動させるための、有効なプランを作成する必要がある。加えて、家畜によってシベリアを変革するという考えは、農業をシベリアまで拡大するという悪名高いスターリン的政策を人に思いださせずにはいない。要するに、地球システムに影響を与える規模で生態系プロセスを復元しようとすることは、おそらく単一のリワイルディング構想の範囲を超えているのだ。現実的にはそのような地球システムへの影響は、地域規模・景観規模で生態系プロセスを回復する複数のリワイルディング計画により、長い年月を経たときに、初めて生じるものだろう。

生態系プロセスをリワイルディングする

私たちがオオカミやオオヤマネコ、ジャガーといったカリスマ的な捕食動物ではなく、草食動物や牧草地ばかりを強調してきたことに、驚いている読者もいるかもしれない。これは、リワイルディングとは根本的にいって生態系プロセスの回復だからだ。そして生態系回復と保全科学というよりひろい分野に対するリワイルディング科学の核心的な貢献を代表するのは、生態学的プロセスは草食動物の摂食と植生構造と自然攪乱との相互作用から生じるという、新しい理解なのだ。これはリワイルディング科学の成長しつつある規範に、捕食動物が含まれていないということではない。前章では、栄養カスケードと「恐怖のランドスケープ」をつくりだす上での捕食動物の重要な役割に注目したし、本章の前半では、栄養循環・栄養輸送を加速するのに、動物の消化がいかに重要かを見た。腐肉食はもうひとつの重要なプロセスで、食物網や生態系コミュニティに影響を与え、生態系における病気の蔓延を減らす。大型肉食動物の獲物は、腐肉食と分解、そして分解を通じて生じる栄養の各水準をまたいだエネルギー移動をささえる、重要な要素だ。

腐肉食は比較的最近まで、非常にひろく見られるものだった。伝統的な牧畜や地域の食肉処理場は大きな死骸またはその一部を保持していて、その範囲内においてハゲワシ、クロバエ、甲虫類などの腐肉食動物や、それ以外にも死骸をよろこんで食べる他の多くの動物たちをささえた。悲しいことに過去四十年間で、腐肉食動物の個体数はヨーロッパ・アジア・アフリカで激減してしまった。ヨーロッパでは死骸の処理を要求するバイオハザード規制、伝統的な牧畜の減少、および捕食動物を殺すための毒餌（それが腐肉食動物を惹きつける）の使用が主にその原因だとされてきたが、アジアとアフリカでは原因は獣医薬のジクロフェナク（二〇〇六年から禁止）の広範な使用だ。この薬品はハゲワシの個体数を崩壊させた——インドでは95パーセントの減少をもたらした。

スカヴェンジャー・プロセスに対する現代人の認識は、ほとんどが否定的だ。ウジの湧いたウマの死骸に遭遇する可能性を、ほとんどの人は不快であり、苦痛でさえあると考えるだろう。しかし大型草食動物の死骸は、大量のエネルギー、水、物質を供給するミニ生態系にほかならない。オオカミが殺した死骸は、より小さな捕食動物や大小の鳥たちに、生きてゆくのに不可欠な腐肉を提供する。春の死骸は数百種の甲虫やハエたちに、すみかとなる毛皮を提供し、隠れ家や食料源ともなる。大型草食動物の死骸は生命の循環の鍵であり、したがって大型の捕食動物は、恒常的であちこちに散在する供給を確保する最重要の存在なのだ。

リワイルディングの科学と実践とは、生態系の相互作用とダイナミクスの全体を回復することにほかならない。そして生態系科学の進歩により草食動物は、地域から地球全体までのあらゆる規模で活気にみちた生態系を生みだすプロセスの核心に、しっかりと位置づけられた。

7　リワイルディングの政治と倫理

リワイルディングは、学際的な保全科学の進歩を体現している。リワイルディングが科学における熱い話題となり、大学の生態学・保全コースのカリキュラムに急速にとりいれられつつあるのは、ひとつにはそのためだ。学際性（インターディシプリナリティ）とは、応用科学の流行語《バズワード》のようなもので、これまで以上に複雑・グローバル・技術化された私たちの世界に変化をもたらすには、複数の分野からの洞察と証拠を利用する必要がある、という認識が生んだ用語だ。真の学際性とは、さまざまな貢献が混ぜ合わされて、一貫した全体を形成するものなのだが、そういった達成は稀だし、すぐに逃げてしまう。リワイルディングはまだそこまでには至っていないものの、学際性という取り組みの最前線にあり、そのことがそれをわくわくさせるもの、変革をおこす潜在力をもつものにしている。

自然保護は、つねに政治的だった。なぜなら自然保護とは、人間世界と非人間世界の関係をどのように管理運営すべきかについての、価値・道徳・規範の混淆を促進するものだからだ。いうまでもなく、自然の保護と回復の実践には、取引があり、勝者と敗者がいる。このことは議論をひきおこす。さまざまなグループが、それぞれの要求や関心・利害を主張するためだ。たとえばイエローストーン、そして最近ではスコットランドへのオオカミの再導入の提案は、より野生的な自然を好む人々と、農民など、オオカミを家畜にとっての――さらには人間にとっての！――脅威とみなす人々のあいだで、激しい議論をおこす。メディアは論争をつくりだせば読者や視聴者を惹きつけることができるため、両派の対立を報道し、二極化させることを好む。

リワイルディングを、あからさまな政治的実践という枠組に入れようとする者もいる。この点で注目に値するのは、イギリスの環境活動家ジョージ・モンビオットだ。彼の二〇一三年の著作『フィーラル――リワイルディングの最前線で魅惑《エンチャントメント》を探求する』はリワイルディングを暗がりから引き出し、イギリスにおける一般市民の話題にした。しかしモンビオットは政治的活動家であり、『フィーラル』の中で彼は、リワイルディングを近代という病いや近代がひきおこした環境破壊への痛烈な批判という文脈で論じた。彼はヒツジのことを、ウェールズの高地の景観と生態系を食い荒らす、毛虫になぞらえている。彼にとってこれは、どこでシステムがまちがった方向にむかったか、そしてどのようにリワイルディングというアプローチがよりよい秩序をつくりだしうるかの例だった。不幸なことに彼の言葉は、ウェールズの多くの高地農業者には、イングランド中産階級の他所者による、自分たちの文化・言語・生活様式への直接的批判だとうけとめられた。その結果、リワイルディングという用語はウェールズの一部地域では拒絶反応をひきおこすものとなり、二〇一九年に「リワイルディング・ブリテン」（モンビオットがつくった組織）は、ウェールズではじめていたリワイルディング・プロジェクト「山頂から海まで」からの撤退を余儀なくされることになった。

こうしたダイナミクスと、それがどのように社会的・政治的変化に影響を与えるかを理解するのは、人文科学と社会科学の役目だ。法学・政治学・歴史学・哲学・倫理学・経済学・心理学の分野はすべて環境を扱う専門領域をもっており、すべてがリワイルディングの新しい科学と実践に貢献している。地理学者たちは、その分野の主な目的が地球システム・自然・社会のあいだの複雑な相互作用を理解することであるため、学際的なリワイルディング科学の開発に、特に積極的に関わっている。

人文科学と社会科学がいう科学的方法は、この本でこれまで議論してきた自然科学的方法とは異なる。重要な違いは、自然科学では私たちがある生態系の構成要素・相互作用・特性を認識できるかもしれないと考える一方、人文社会科学ではそれとおなじようなかたちで知られ、定量化され、モデル化されうる現実が人間世界にあるとは、けっして考えないことだ。私たち人間を地球上の他の生命と区別するのはおそらく、私たちが三重の現実に存在するという事実だろう。すなわち、物理世界の現実、私たちの感覚的現実、そして私たちの集合的な物語と想像力がつくる現実。この三番目の現実――「認知」ないしは「文化」と呼んでいいだろう――は、約七万年前に私たちの種に現れた。

社会科学者たちは、物理的現実の定量的理解から構築された自然科学理論を人間社会の世界に適用することの危険性を、痛感している。進化論がそのいい例だ。種とは自然の相互作用から出現するもので、神の力によって創造されたわけではなかったという証拠は、十九世紀の西洋社会で個人および集団の信念体系の土台にあった、支配的な物語に挑戦した。進化論が西洋の精神を一変させたことは疑いようがないが、「社会ダーウィニズム」――人々やその集団も植物や動物とおなじく自然淘汰の法則にしたがうという考え――は、優生学と、人間の不平等とは自然でありヒトという種の進歩に必要でさえあるという主張の、論拠にされた。ホロコーストをひきおこしたナチス・ドイツの人種政策は、物理的現実の理論がちゃんとした知的チェックなしに政治的イデオロギーを生むことが可能だという、恐ろしい例だった。

そうした理由から社会科学者たちは、理論というものを、客観的事実を素材として発展・試験・洗練された一連の仮説群としてではなく、「概念資源」として理解している——社会のさまざまな側面と、集合的意志決定をささえる新しいかたちの証拠にもとづいて新たな洞察を生む、構造化された思考様式ということだ。これらの概念資源は、観察・インタヴュー・テクスト分析などの質的証拠を大いに利用して、数字だけで得られるよりも深く、より微妙な情報を提供する。環境問題を研究している多くの社会科学者は、不平等と不公正の根源に迫りたいという願望を動機としている。かれらのアプローチは「自然とは何か」「なぜリワイルディングは、一部の人々にとっては非常に説得力があり、他の人たちにとっては非常に不快なのか」「リワイルディングの規模を大きくするにあたって、どのようにして支援と賛同を生みだすことができるのか」といった問いに答えるのに大いに役立つ。

保全のナラティヴ

リワイルディングは自然保護への新たなアプローチであり（ここまででそれが説明できていたことを願うが）生態学の新しい理解と理論を表現している。しかし保全の専門家の世界では、それはまだまだ動きはじめたばかりだ。保全団体の多くの現場の技術専門家たちは、その言葉を一度も聞いたことがない。また、この科学に関わりをもつための時間や、やる気、あるいは学術論文へのアクセスをもつことも、ほとんどないだろう。多くの保全当局者にとって、リワイルディングとは「ただの流行」

に思え、さらにはオオカミなどの議論の的となる種ばかりを優先し、規定の作成方針と一致せず、自然保護の法律と緊張関係にあり、そのために危険で、根拠がなく、政治的に問題を生みがちなものだと映る。しかし、そんなことがあるだろうか。なぜ大きな自然保護NGOや政府機関は、みずからが所有または管理している多くの自然区の少なくとも一部で、すぐにでもそれを試してみようと思わないのか。文化・社会理論の三つの概念――物語《ナラティヴ》・枠組・制度――が、この問いに近づき、そしてまたリワイルディングが実践に移されたとき、なぜそれがいともたやすく政治的な性格をおびるのかという問いを問うための、強力なレンズを提供してくれる。

通例「ナラティヴ」という用語は物語のかたられ方をさすが、政策科学では、より構造化された意味で使用される。すなわち、それは世界の現状やその結果、そして何がなされるべきかについての物語をかたる「構造《アーキテクチャ》」のためにくみあわされる、積み上げブロックや構成要素のことをさすのだ。環境運動が一九七〇年代に本格化したのは、思想的指導者たちが政府・非政府を問わず保全機関の態度を変え、行動を呼びかけ、法律・思考・実践をくみたてる力強いナラティヴを構築したためだ。リワイルディングにおいて、私たちは新しいナラティヴ構造の出現を見ており、これは保護を実践するための制度化された方法を揺るがし、疑問を投げかけている。驚くにはあたらないが、これに対して各機関は変化に抵抗し、リワイルディングのことをリスクが高く、時間がかかり、むずかしい道だとみなしている。

二十世紀の環境ナラティヴの基本的構造は、一九四八年から一九六二年のあいだに出版され人気を呼んだ著作群によってしめされた。最初の二冊はフェアフィールド・オズボーン『略奪された私たちの惑星』とウィリアム・ヴォクト『生存の道』（いずれも一九四八年に出版）で、鍵となるナラティヴの構成要素三つが、これで明らかになった。（1）自然・土壌・環境が衰弱している。（2）人間の多産と貧弱な管理力にその責任がある。（3）行動をおこさなければ、人類は大惨事に直面する。レイチェル・カーソンは一九六二年出版の重要な著作『沈黙の春』で、これら三つのナラティヴの構成要素に、切迫した危機感を加えた。再生なき春という強力なメタファーを展開した彼女は、農薬が環境におよぼしているひどい影響、化学産業が利益追求のためにおこなう偽情報の拡散、自然と人類を待ちうける壊滅的な結果について語った。

アメリカ東海岸と西ヨーロッパでは、カーソンの説得力あるナラティヴの物理的な兆候は明らかだった——汚染された川、スモッグ、ごみ、そして猛禽類の個体数崩壊。一九六〇年代対抗文化の活動家としての自負をもった、若くて教育水準の高い中流階級の者たちがそれに反応した。かれらは反対運動の標的となりうる悪役たち——公害産業、農薬会社、ロシアの捕鯨船団、無関心な政府機関など——をナラティヴにちりばめていった。この新しい環境意識は一九七〇年四月二二日の大衆行動にむすびついた。何百万人もの人々が、健康的な環境を求めて街路や公園をみたしたのだ。

これらのナラティヴが、政治と政策を一変させた。政府は環境条約を話し合い、法律を可決し、省庁を設立して、環境破壊を規制し、人類の最悪のやり過ぎから最高の自然区域を保護することをめざした。意識的であろうとなかろうと、科学者たちはこのナラティヴを証拠づけるための研究プログラムにとりくんだ。また人類を混沌から救うよう政府や企業に圧力をかけつづけるために、活動家の組織がいくつも結成された。現在の気候危機はこの環境ナラティヴをふたたび活気づけており、世界中の児童・生徒たちがそれをとり上げ、環境意識をもった先行世代の市民とともに抗議行動をおこなっている。しかし残念ながら、今日の各国政府は、一九八〇年代のような緊急性と信念をもって行動することを望んでいないようだ。

新しい環境ナラティヴとしてのリワイルディング

リワイルディングの物語は、まったく異なるナラティヴ構造を採用しているように思われる。第4章で見たように、リワイルダーたちは新鮮で、人を力づける、希望にみちた物語をかたる。かれらは、栄養の相互作用の復元や、メガファウナの復活と川のダイナミクスの回復について、そして保全の可能性への期待を再設定するためのデモンストレーション・プロジェクトの力について話す。二〇一八年、本書の著者のひとり（ポール・ジェプソン）は、この新しいナラティヴに「回復可能な地球」というラベルをつけ、それを反映する記事を執筆した。それは「有限の地球」というよく知られたナラティヴとの対比だ。彼はリワイルディングの物語が、二十世紀の環境ナラティヴにあった、より強い権力への批判と訴えを欠いている代わりに、創造する力としての自然という考えや、すべての生命にとってよりよい未来というヴィジョンとからみあった、新しい考え方および地に足のついた行動に焦点を合わせていることを指摘した。「回復可能な地球」というナラティヴの構成要素は、メンタルヘルスの回復をめぐる説明と大変よく似ており、次の一手をよく考えること、非難をいったん棚上げしておくこと、意識の目覚め、行動の決定、再評価などを特徴とし、それらが「ウェルネス」の回復につながるというのだ（図4）。

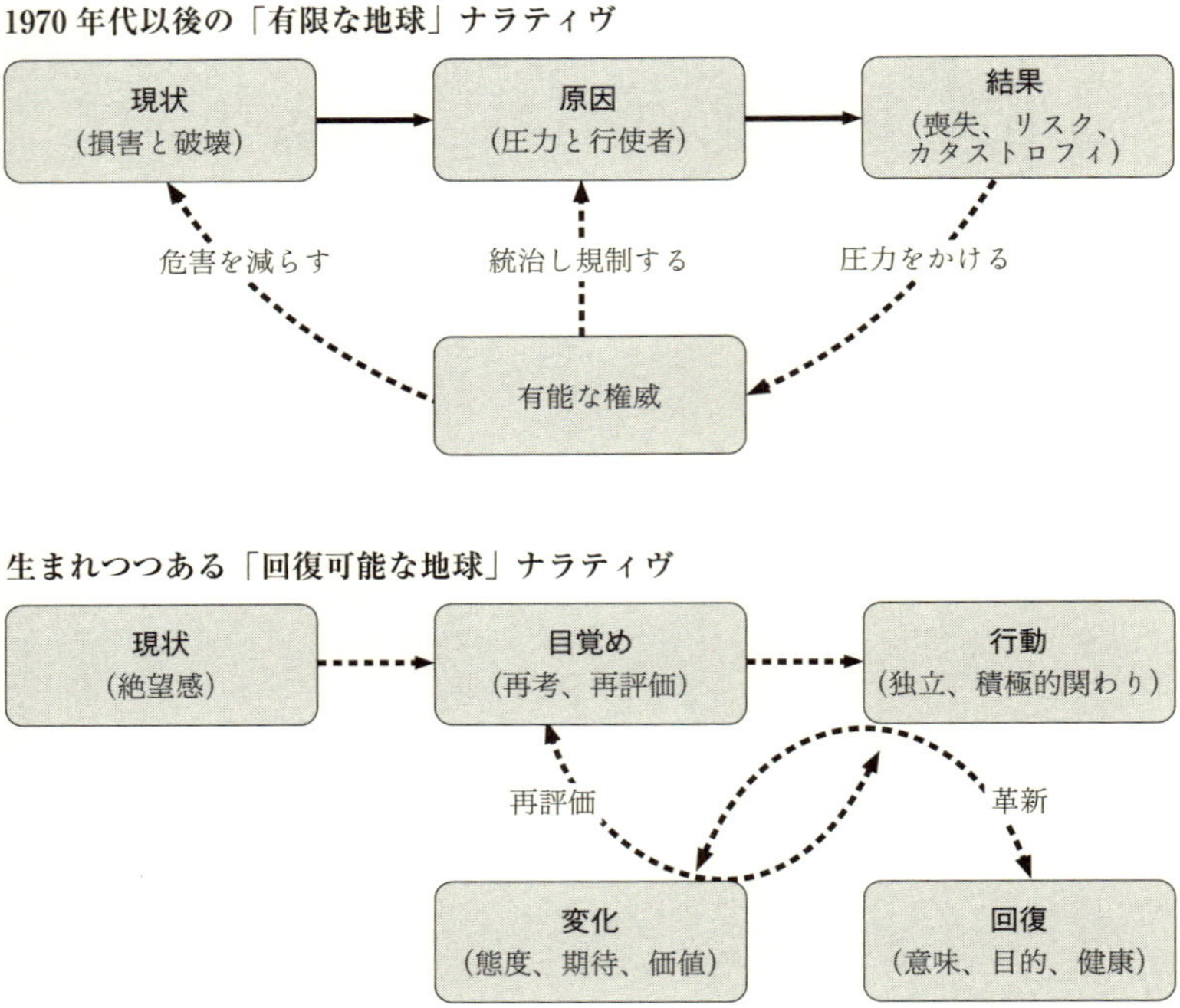

図4　既存の環境ナラティヴと生まれつつあるリワイルディング・ナラティヴの構造比較

いま出現しつつあるリワイルディングのナラティヴは、長期にわたる自然・文化・政治・経済の複雑な相互作用の結果として、自然が劣化状態に陥ったことをしめす。これを考えると、罪の意識を感じることにも、非難すべき相手を探すことにも、ほとんど意味がない。私たちの現状はごまかしようがなく、戻る方法はない。けれども実践的にいって、現状をよく点検し、再評価し、みずから行動をおこすことで、よりよい未来をかたちづくることができるのだ。リワイルディングの物語群は、メンタルヘルスにおける回復の説明に似て、何かをしたいという欲求をうながす「目覚め」についてしばしば語る。このことは再評価とより多くの行動につながり、そこから回復が生じるのだ。

ベストセラーとなった『英国貴族、領地を野生に戻す――野生動物の復活と自然の大遷移』（二〇一八年）の著者イザベラ・トゥリーは、彼女と彼女の夫がイングランド南部にあるクネップ・キャッスルの先祖代々の地所を、農地から、イギリスでもっとも有名なリワイルディング・プロジェクトへとどのように変えたかを記すにあたって、このナラティヴ構造を採用している。彼女はまず、彼女らがこれまで以上の集約農業実践から利益を上げようとしたとき、自分たちが「なんのおもしろみもない仕事のサイクル」を生きていることに気づいたという。それから彼女は、緑地《パークランド》を復元するプロジェクトが、どのようにして彼女たちの目を新鮮な可能性にむけて開いたのか、そしていかに彼女たちに、放牧や森林＝牧草地の景観に関するフランス・ヴェラの新しい考えを採用させたかを語るのだ。彼女の考えに着想を得た彼女たちは、地所を管理するにあたって、自由に歩き回る家畜、柵の撤去、土地の放任といった、リワイルディング・モデルの実験にとりかかることを決意した。野生生物や希少種の回復や土壌の復元は、すでにめざましい成果をあげている。トゥリーの物語は、いままでとは違う考え方をし、よりよい未来にむけた不確かな旅に乗り出そうという意欲が、自然および彼女ら自身の生活の質、そして地所の財政状況の回復につながった、希望と励ましの一例だ。

ナラティヴの相互作用

確立された環境のナラティヴとそれに由来する諸制度を維持することには、多くが賭けられている。

科学、法律、規制、お役所的手続き、ビジネスモデル、キャリア、評判の、膨大な部分が、そうしたナラティヴにもとづいているのだ。のみならず、環境危機は現実であり、環境ロビイストたちが正当に心配しているのは、人間の活動が生態系と気候に与えてきた数千年にわたる影響について語りリワイルディングを通じて生態系は回復しうるのだと主張する新しいナラティヴが、気候危機と生態系危機の連動に対処するために必要な緊急性と意気込みをもって行動することをためらう政治家や企業権益によって、横取りされる可能性があることだ。

政策科学の文書は、不安にもとづくナラティヴが政府と企業に行動をおこさせるのに有効だということをしめしている。なぜなら政府も企業も、政治・社会・経済的不安定がどんな結果を生むか恐れているためだ。しかし心理学の研究と常識からわかるのは、日常生活の心配ごとに直面している人々にとって、未来に関する「お先真っ暗な」物語を絶えずくりかえし聞かされるのは耐え難いことであり、社会的・個人的な怒りと不安を生みだしうるということだ。リワイルディングが意味するのは、コントロールをとりもどし、よりよい未来の物語を創造し、かたちづくり、それを実際に生きたいという人々の欲望にすぎない、と考える者もいる。

確立された環境ナラティヴとリワイルディングの新しいナラティヴがどのように相互作用するかは、はっきりしない。理想的なのは、その両者を採用し、さまざまな文脈において社会のさまざまなグループを動員するために、それらを使用する知識とスキルをそなえた環境運動だろう。そして明らかなのは、この相互作用がすでにおこりつつあることだ。多くのリワイルディング実践者たちは才能あるコミュニケーターであり、かれらのやり方の中心にストーリー・テリング（物語のかたり）をすえているのだ。「スコットランド・ザ・ビッグ・ピクチャー」（ＳｔＢＰ）の創設者ピーター・ケアンズは、人々を新鮮な思考の旅に誘うことが不可欠だと、直観的に見抜いている。ＳｔＢＰのチームは、本や巡回講演でのみごとな写真を用いた説明を通じて、無限の複雑さから織りなされた、ひとつの大きな全体としての自然を紹介する。ＳｔＢＰは何かに非難をむけることはせず、私たちがいかに「生命とつきあっていく」ことを通じて全体を解き明かしてきたかを語る。ＳｔＢＰの物語が述べるのは、自然をかけらごとに維持しようとするだけでは不十分で、リワイルディングがもっとも基本的なレベルにおいてめざすべきなのは、これ以上の断片化をやめて自然のかけらをむすびあわせ、自然を拡張することだ、ということだ。ＳｔＢＰのナラティヴの中心にあるのは、大きく考えることの必要性だ。それはスコットランドの人々が想像力を解き放ち、すべての生命――人と自然――にとってよりよい未来を思い描き、大胆に行動することにつながる。非常に重要な点だが、ＳｔＢＰのナラティヴは、何をすべきかを人々に指示しない。そうではなく、新しい考え方にとりくみ、保全をおこなう新しい方法を集合的につくっていくことを勧めるのだ。

リワイルディングを提示するこの方法は、科学コミュニケーションにおける対話モデルと呼ばれるものに沿っている。対話モデルは、異なった形式の証拠にもとづく議論が理解を生みだし、それが行動につながるという信念に立っている。それと対照的なのが、エスタブリッシュメント側の環境ナラティヴを特徴づける、科学コミュニケーションの欠如モデルだ。こちらは、事実を知れば人々は賢明に行動するという前提に立つ。いずれのモデルも、さまざまな状況、さまざまな人々によって、さまざまな影響をもつが、リワイルディングのナラティヴは、生態系や気候の緊急事態を予言したり、他人が正しい行動をとりそこなうことを予言したりといった、事実を執拗にくりかえすコミュニケーションのあり方に対して、別の道をしめす。

なぜリワイルディングは農民や牧場主の反感を買うのか

ナラティヴの概念は、どうしてリワイルディングが既定諸制度を動揺させるのかを理解する上で価値があるし、古典的な環境ナラティヴがもつ非難的要素に対して人々がどのように自己防衛にまわるのかを理解するのも、むずかしいことではない。これに対して「フレーム分析」または「フレーム概念」と呼ばれる別の社会理論は、論争を分析した上で、人々を疎外するのではなくとりこむというかたちでリワイルディング計画を構想するやり方を、しめしてくれる。

影響力のあるアメリカの社会心理学者アーヴィング・ゴフマンは、意味づけと集団行為のプロセスをしめすため、一九七四年に「フレーミング」という概念を導入した。彼はフレームを「解釈のための図式《スキマータ》」と表現し、人々はメタファー・事実・ナラティヴ・イメージ・記憶・感情などなど（専門用語では「観念形成要素《イデイエイショナル》」と呼ばれるもの）を潜在意識の中で「フレーム」にまとめることによって、複雑な世界に意味づけをし、その中で行動すると述べた。フレームという用語は、解釈の枠組と絵の額縁の両方をしめす意図をもって使われている。フレームは個人的であり、私たちの頭の中で互いに流入し合うが、私たちは誰もがつねに文化的ストックとしてのフレームをつねに利用している。それは目の前の人、私たちの周囲の世界、そして他の国の人々や文化との集団的関与の歴史の「堆積物」から生じる。要するに、精神的なフレーミングの過程こそ、私たちのアイデンティティ感覚の中心にあるものなのだ。

ほとんどの人にとってリワイルディングとは耳新しくなじみのない概念なので、人々は当然、それを既存のフレームから考える。このことはカート・フリースとショーン・ジェリティがモンタナ州北部の大平原をリワイルドする構想を打ち出したとき、あまりにあからさまになった。アメリカの探検家メリウェザー・ルイスが一八〇三年にグレートプレーンズを偵察したとき、「シカ、エルク、バッファロー、アンテロープを目にすることなしに」丈の低い草の大草原を「眺めることはほとんど」できなかったし、また「それとおなじ割合でオオカミも増えているようだ」とも述べていた。その後、二十七万人の入植者が大草原に洪水のようにひろがった。この地域にもともといた先住民は居留地に追いやられ、大草原は耕作され、フェンスで囲まれ、分割された。一世紀も経たないうちに大規模な群れはいなくなり、野生動物たちの驚くべき光景は破壊されたものの、生態系の基盤である草地はよく持ちこたえた。厳しい冬と雨の少なさがほとんどの入植者を追い出し、残った人々は粗放的牧畜に移行したからだった。それが、極端な気候のために農業にもむかず木も育たない土地の、唯一可能な経済的利用だったのだ。

WWFの生物学者であるフリースが北部の平原を調べたとき、彼は400ヘクタールのチャールズ・M・ラッセル国立野生生物保護区と150ヘクタールのアッパー・ミズーリ・リバー・ブレイクス国立記念物が、政府所有の土地区画に点在する、広大な私有牧場の敷地内に位置することに気がついた。彼はこれについて、シリコンヴァレーのコンサルタントであるショーン・ジェリティと話し合ったが、ジェリティは私有地のことを、制約ではなくむしろ好機であると考えた。こうしてふたりはアメリカン・プレーリー・リザーヴ（APR）を設立した。それは売りに出た牧場を購入し、動物の群れをひとつまたひとつと土地区画ごとに復元するという、大胆な計画をもつ非営利団体だった。

当然のことながら、かれらのヴィジョンは独立独歩、不屈、隣人との連帯、大牧場経営といった「カウボーイ」的フロンティアのフレームと衝突することになる。その地域でAPRが入れられたフレームは、カウボーイをバッファローに置き換え、カウボーイ文化を侮辱したがっている、よそからやってきた金持ちの技術屋ども、というものだった。APRのリワイルディング・ヴィジョンへの抵抗は、迅速かつ強硬だった。「カウボーイを救え。アメリカン・プレーリー・リザーヴを止めろ」という看板が現れ、百三十三人の地主たちが、自分たちの土地にバイソン［＝バッファロー］が入ることを禁止するために団結した。モンタナ州議会は、国有地でバイソンを放牧する許可をAPRに与えないよう、政府に求める決議を可決した。また、APRのヴィジョンは牧場主コミュニティ内にも対立をひきおこした。それをかれらの生き方を脅かすものとみなした人々と、そこに新しい事業の機会を見た人々が、意見を異にしたためだ。フォートベルナップ先住民居留地の観光部門リーダーのジョージ・ホース・キャプチャー・ジュニアは、アメリカ最大のバイソン保護区をつくるというこの提案を、ネイティヴ・アメリカンと牧場主の両者にとっての好機ととらえ、双方の遺産を想起させつつ共有された経済を創造するという未来を、一緒につくってゆくきっかけになると考えた。もしも初期段階でフレーミングにもっと注意を払っていれば、APRはそのリワイルディング・ヴィジョンを前進させるための、ユニークな連合を構築できたかもしれない。現在、プロジェクトは進行中で、広大なリワイルディング・エリアをつくりだしているものの、いまだ反対しつづけている人々もいる。

コンサーヴェーション・ランド・トラスト（CLT）は、一九九七年にアルゼンチンのイベラー州立公園に隣接する広大な土地を購入しはじめたときに、同様の状況に直面した。CLTのリワイルディングのヴィジョンは、APRのそれと似ていなくもなかった。つまり失われた種――ここではバク、オオアリクイ、ペッカリー、ジャガー――を復活させることで、動物減少の歴史的プロセスを逆転させるというヴィジョンだ。技術的側面では、かれらのリワイルディング戦略にはエレガントな論理があった。イベラー州立公園当局は、公園として指定された時点で存在していた生態系を保護することを要求されていた。けれども、この指定の時までに、すでに多くの重要な機能種が失われていた。そこでCLTは、民間団体が隣接する土地をリワイルドし、ついでそれを政府に寄贈した場合、このことは「アップグレードされた」リワイルディングのベースラインにもとづいて、より大きな区域を公園として指定する必要を生じさせる、と考えたのだ。しかし地元の牧場主の観点からは、非生産的な目的で土地を購入するという考えは、まったく意味をなさなかった。この空白を埋めるために、牧場主たちはCLTの目的を、アルゼンチンを政治的に支配する手段として自然保護を装い土地を購入することをCIAが計画しているのだ、というフレームで捉えた。このフレームは非常に効き目があり、CLTはプロジェクトをほとんど放棄してしまった。

この危機により、イグナシオ・ヒメネス＝ペレスとタリーア・ザンボニひきいるCLTチームは、自分たちのアプローチを考え直すことになった。政治家・官僚・ビジネスマンを相手とする会合で、かれらはリワイルディング構想を説明するために「自然生産《ネイチャー・プロダクション》」という用語を使いはじめ、観光客を惹きつけるための新しい野生動物という「産物」をつくりだすという観点から、種の再導入の取り組みをフレーム化してみせた。このようにして、CLTはリワイルディングのフレームと、経済発展およびビジネス事業という重要なフレームとを、結合したわけだ。第二に、CLTは地元のカウボーイ文化のイメージと伝統を、自分たちのヴィジョンとコミュニケーションに積極的にとりこんだ。これは専門用語で「フレーム増幅」と呼ばれる双方向プロセスだった。この「フレーム増幅」では、野生生物の回復が地元の人々の遺産と誇りの感覚を増幅・拡大し、一方、コリエンテス州の文化が、リワイルディングのありうる姿というCLT側のフレームを増幅した。その結果として、フレームの「一致」が生じた。リワイルディングが、双方に共有された、やりがいのある計画となったのだ。二〇一八年、52万5千ヘクタールの州立公園とCLTから寄贈された約14万ヘクタールを組み合わせて、アルゼンチン最大の自然区域をなすイベラー国立公園が設立された。同年、コリエンテス州では七十年ぶりに、ジャガーの子が生まれた。

さまざまな道徳的世界観を橋渡しする挑戦

フレームとナラティヴは、経験や表象とともに、私たちの世界観をかたちづくっている。保全の内部では「保護主義」と「持続可能な利用」というふたつの世界観のあいだに、長年にわたる緊張関係があった。これらは、ふたつの道徳的規範のあいだの差異の反映だ。すなわち、善悪の判断はあらかじめあった一連の規則・権利・義務に照らして評価されるべきだと考える道徳的絶対主義と、行動の道徳性はそれがもたらす結果とそれがより大きな善のために役立つ度合いにもとづいて決まるとする道徳的実用主義のふたつだ。ジョシュア・グリーンは影響力のある著作『道徳部族《モラル・トライブズ》』で、これらふたつの道徳規範の区別を考えるために、「オート」設定と「マニュアル」設定というアナロジーを持ち出す。カメラに両方の設定があるのは、プログラムされたルールにもとづくオート設定はほとんどの状況で良い写真という結果を生むものの、より複雑ないしは困難な環境で良好な結果を出せる柔軟性を欠くためだ、と彼は指摘する。リワイルディングの大きな課題のひとつは、人間が動物とどのように関係すべきかをめぐる、さまざまな道徳的世界観に、どのように対処するかにある。

トロフィー・ハンティング［大型野生動物の遊びの狩猟］の禁止を求めるキャンペーンと、脱家畜化・脱絶滅によって提起される道徳的・倫理的問題は、リワイルディングが渡ってゆかなくてはならない道徳的風景の好例だといえるだろう。動物を愛する多くの人々にとって、ライオン、ゾウ、オオカミ、オオツノヒツジなどの象徴的な野生動物をスポーツのために撃つ行為は、残酷で、非文明的で、動物たちの生存をおびやかすものと映る。十九世紀の、使役馬やその他の家畜への残虐行為を終わらせるためのキャンペーンは、西欧文化に動物への思いやりと福祉という価値観をくみこみ、これは種の絶滅を回避するという保全的価値とも一致していた。みごとな、しかし死んでいる野生動物の上で誇らしげにポーズをとる裕福なアメリカ人のイメージは、当然のことながら、西欧の一般民衆に怒りをひきおこし、そのような狩猟を非合法化しようとする組織を支持させることになる。

こうしたキャンペーンは、アパルトヘイト後の時代にあって自然保護のための「野生動物経済」アプローチを開発した南アフリカほかのアフリカ南部の国々に、特に焦点を合わせている。この地域のゾウ、サイ、水牛その他のメガファウナは、一九八〇年代に民兵組織および正規軍によって、食料・スポーツ狩猟・利益のために事実上一掃された。アパルトヘイト後の最初の南アフリカ大統領ネルソン・マンデラは、野生動物が南アフリカの自然のアイデンティティの中心であることを認めていたが、他のさし迫った問題のために、南アフリカ政府がその保護と回復を最優先にできないことも知っていた。そこで彼は、民間に主導権を握るよう訴えたわけだ。これを支援するために南アフリカ政府は、野生動物をそれが発見された土地の所有者の所有物にする法律を可決した。このことによって野生動物は、土地所有者が商業化できる私的資産に変わったのだ。多くの農家が鳥獣牧畜に切り替え、投資家は経営に失敗した農場を買収して私設の鳥獣牧場に転換した。

二〇一〇年までに、南アフリカには一万か所以上の私有野生動物牧場ができていた。民間の土地所有者たちは景観をリワイルドし、多数の野生動物をささえ、農村地域に一定の繁栄と安定をもたらした。ただしそのビジネスモデルは、狩猟、野生動物サファリ、野生動物の肉（ビルトン［アフリカ南部でよく食べられる酢漬けにしてから乾燥させた肉］）と、狩猟対象種の繁殖の組み合わせからの収益に立っている。狩猟収入はこれらの中で群を抜いて一番だが、狩猟ツーリズムをスティグマ化し、狩られた動物たちの輸出入を制限しようとするソーシャル・メディアのキャンペーンの批判にさらされている。アフリカ南部という文脈でリワイルディングを達成するには、大型野生動物の狩猟の善悪に関する道徳的な疑問を、生態系回復の観点とつきあわせてみる、「マニュアル」設定のアプローチが必要だ。

けれども、第4章でやや詳細に説明したオランダのオーストファールテルスプラッセン（ＯＶＰ）の場合は、その逆の例だといえよう。ここではリワイルディングの生態学的な実用主義が、善悪の直観的な判断に直面するとき、柔軟化する必要がある。ＯＶＰは自然の草原＝草食動物のダイナミクスを回復し、自然が「みずから道を見出す」ことを可能にするひとつの手段として、馬と牛の品種を脱家畜化［＝野生化］する。しかし二〇一七年から二〇一八年にかけての厳しい冬は、保護区内の何千頭ものウマたちに飢えをもたらした。管理者たちにとって、これは自然のプロセスの一部だった。個体数はおだやかな冬がつづけば回復する。気候は個体数の自然な調節要因だった。しかし多くのオランダ国民にとって、ウマを飢えるに任せ、自然死を迎えることもできた三千頭を淘汰することは、現代の思いやりのある社会にはあってはならないこととして、怒りの対象になる。動物福祉活動家たちは農民と協力して干し草を柵の中に投げこみ、当局に再考を促す単刀直入なキャンペーンを開始した。しかし当局は、群れの数は保護区が維持できる範囲内で管理されるべきだという決定を下し、結局、自然をあるがままにするという実験の原則は妥協を強いられることになった。ＯＶＰがもたらした教訓は、リワイルディングの実用的道徳には、より白黒がはっきりした規則にもとづいた文化的価値観・道徳への理解と尊重が必要とされる、ということだ。

脱家畜化と脱絶滅

絶滅という概念は、世界中の社会に対して、明確かつ広くうけいれられているひとつの道徳規範をしめしている。他の種を故意に絶滅させることは道徳的にまちがっている、というものだ。「絶滅は永遠」というスローガンは、自然保護運動の、長年にわたって響きわたる呼びかけだ。絶滅とはもともと、ある種の最後の個体の死をさしていた。リョコウバトの最後の個体マーサが一九一四年に死んだとき、その種は正式に絶滅を宣言された。しかしリワイルディングの精神《エートス》は、生きている動物から生きているDNAへと、絶滅の境界を再定義しつつある。それで道徳規範の再調整が必要になる。

ヨーロッパの野生牛オーロックスは一六二一年に絶滅を正式に宣言されたが、タウロス・ファンデーション（TF）の創設者ロナルド・ゴドリーは、そのDNAがヨーロッパの八千八百万頭の家畜牛、特により原始的な品種において、生き残っているということに気づいた。一連の遺伝子コード（ハプロタイプと呼ばれる）は、繁殖の歴史をさかのぼることを可能にする。ゴドリーは、より多くの肉や乳を生産することを歴史的に推進してきた動物繁殖の科学を逆転させるなら、絶滅したオーロックスに似た品種を生みだすことができるかもしれないと考えた。そうすればその新たな品種は、野生においてオーロックスと似た生態学的役割を果たすかもしれない。彼は、七種の原始的なウシの品種を交配し、タウロス牛の作成をはじめた。オーロックスを特徴づける、より大きな角（オオカミを撃退するため）とより長い脚（より長い距離を移動するため）、より小さな乳房（引っ掛かりを避けるため）を備えた品種だ。

タウロス・プロジェクトは現在、動物繁殖の専門家たちと提携して、タウロスの遺伝子型を絶滅したオーロックスの遺伝子型に、より体系的に一致させている。これは古代DNAの抽出・分析技術の進歩によって可能になったことだ（第3章を参照）。二〇一五年、六百五十年前のブリテンのオーロックスの骨から抽出されたDNAの全ゲノム配列が初めて公開された。つづいて、さらに三つの配列が追加で公開された。DNAは時間の経過とともに断片化し、博物館の標本は学芸員や他の標本、収蔵品に入りこむ他生物からのDNAにより簡単に汚染される。しかし計算技術の進歩により、現在では非常に短いDNA列であっても対応するものを見つけ、劣化した古代DNAからでも全ゲノムを構築できるようになった。ゲノム系統学的分析は、よく知られているように、進化の系統を再現しようとしている。タウロス財団と提携している研究者たちにとってゲノム系統学とは、既存の品種の配列と比較可能なオーロックスの遺伝子配列を提示し、オーロックスのものにますます近いゲノムをもつ動物を生産するための交配プログラムを加速させるものだ。

これを書いている時点では、ヨーロッパの十の地域に約七百頭のタウロスがいる。かれらはたしかに私たちが想像するかれらの野生の祖先のような外見をもち、そのようにふるまう、みごとなウシだ。TFは、歴史的な種を再現することはできないと明確にするために、新しい品種をオーロックスではなくタウロスと呼ぶことにした。あるいは絶滅していなかったとしても、生態学的な絶滅から数えた五百年のあいだでさえ、オーロックスは変化していただろう。加えて、野生のオーロックスと新しいタウロス種を峻別することで、野生であるか家畜であるかの境界を曖昧にすることができる。一方では、人々はその外見と行動のためにタウロスを野生とみなし、したがって家畜のウシとおなじ福祉道徳の対象にはしないだろう。他方、それをウシの特別な品種として扱うことは、より長い脚をもつ湿地むきの品種や半都市の状況に適したより従順な品種など、さまざまな条件に合った変種を繁殖させうることを意味する。そのことはまた、タウロスを政府の補助金の対象となる、新しいタイプの家畜として位置づけることにもつながる。

タウロスの例は、DNAが家畜種の子孫にまだ現存する場合、絶滅した種は「死からよみがえる」ことができるということをしめしている。これはゲノム編集とクローン作成への人々の興味と合致して、いくつかの極端なリワイルディングのヴィジョン、特に毛長マンモスを復活させるというヴィジョンを出現させた。ジョージ・チャーチひきいるハーヴァード大学のチームは、ゾウ＝マンモスのハイブリッドの胚をつくり、これをアジアゾウに移植することで、そのアジアゾウがマンモスのような特徴をもつゾウを生むことを期待しつつ、研究をすすめている――これは「マンモファント」と呼ばれる新しい生き物だ。

ベストセラーとなった著作『マンモスのつくりかた――絶滅生物がクローンでよみがえる』で、ベス・シャピロはその科学の全貌を説明しながら、「脱絶滅」の実現可能性と倫理を探っている。彼女が指摘するのは、ある絶滅種の個体をつくりだすことと、自然の中で生きるための社会行動および学習した知識をもつ群れを再現することとは、まったく別だということだ。さらに脱絶滅は、大きな倫理的・道徳的問題を提起することになる。たとえば新しい生き物、特にマンモファントのような生き物を創造するのは、正しいことなのだろうか。私たちはかれらに対してどのような責任を負うのだろうか。資金が尽きれば、かれらを「再絶滅」させるのだろうか。要するに、脱家畜化は可能であり、かつ進行中だが、脱絶滅とはそれとはまったく別のルールに立つゲームなのだ。

リワイルディングはスローな思考を必要とする

本章では、リワイルディングが自然についての私たちの基本的な理解、そして自分自身や他者を理解するにあたっての私たちの基本的な理解に、再考を強いることをしめしてきた。あらゆる根本的な変化には、態度・文化フレーム・制度的実践の調整が必要だ。二〇〇二年、ダニエル・カーネマンは、私たちがどのように意志決定をおこない、損失と利益を評価するかについての、エイモス・トベルスキーとの共同研究によってノーベル賞を受賞した。きわめて影響力が大きい二〇一一年のベストセラー『ファスト&スロー』でカーネマンは、私たち人間がデュアル・プロセッサー的な脳をもっていると説明している。最初のプロセス（システム1）は、高速かつ直観的で、つねにオンになっている。とりわけそれは印象やステレオタイプにもとづき、感情的だ。システム2のほうは熟考し、反省的で、注意を要請する。先にふれた、道徳に関するジョシュア・グリーンの研究は、カーネマンの考えに影響されている。重要なのは、リワイルディングには「スローな思考」が必要なのだが、政治とメディアの世界はシステム1の思考で動くことがほとんどだ、ということだ。これこそ自然保護への、人を不安にもさせる新しいアプローチとしてのリワイルディングが、懸念や論争をひきおこしやすい理由のひとつなのだ。

二〇一九年一〇月、ヨーロッパ各地の主要なリワイルディング実践者たちがスペインのクエンカで一堂に会し、学びを共有し、ヨーロッパのリワイルディングを特徴づけると思われる一連の原則を定式化し、成功への道を提案した。かれらがいう九つの原則*は、取り組みと実践的行動を励ます、刺激的で力を与えるヴィジョンから出発し、ゆっくりとはじめることとの重要性を強調している。コンテクストの中で行動すること、生態学的・文化的な歴史と地域の政治的・経済的な現実に注意を払うこと、リワイルディングする未来をかたちづくるための提携関係を探し求めることとの重要性を、かれらは強調する。少なくともヨーロッパでは、リワイルディングは「スローな保全」になりつつある。さまざ

* https://rewildingeurope.com/callforawildereurope/ 参照。

まな背景をもつ人々が、創造的思考とリワイルディング・ヴィジョンの柱となる、反省と見直しの旅にいざなわれているのだ。その旅は潜在的に、自然と人々のために、風景に新たな活気を吹きこむことになる。

8　リワイルディングの規模を拡大する

前章では、なぜリワイルディングが社会のさまざまなグループ間で事を荒だて、論争をまきおこすのかを探った。この章ではリワイルディングの応用実践に焦点を合わせる。すなわち、リワイルディングの規模をニッチ的活動から景観と地域全体の生態プロセスを回復しうる活動にまで拡大するために、リワイルダーたちが開発しているアプローチのことだ。

大規模なリワイルディングに重要なのは次の五つのこと、すなわち、土地、「賛同《バイ・イン》」、ささえてくれる政策、動物の供給、資金だ。これらはすべて不足しており、それぞれの利用可能な範囲、あるいはそれぞれが調達できる範囲に応じて、リワイルディングへの取り組み方とその成功の見込みが決まる。

たとえば、アルゼンチンのイベラー・リワイルディング・プログラムは、裕福な慈善家ダグラスとクリスティン・トンプキンス（衣料ブランドのパタゴニアの創設者とその妻）の支援をうけた。ふたりには土地を購入する資金があった。さらにこのふたりは、別の土地で捕獲されたオオアリクイ、クビワペッカリー、ベニコンゴウインコ、ジャガーを買い取り、この土地に放つことが可能だった。しかし前章で説明したように、かれらは当初、他の地域から動物を連れてくることを許さない地元コミュニティと州の野生動物当局の支援を欠いていた。かれらはリワイルディングのことを「自然生産」として提示することで、失敗を回避した。「自然生産」とは野生動物資産の回復のことで、地元カウボーイ文化のいろいろな側面を再生することにもつながり、新しい観光関連の仕事と投資を生みだすものだ。これが成功に必要な地元の賛同と政策支援につながった。

イングランド南部、1420ヘクタールにおよぶクネップ・エステートの所有者チャールズ・バレルとイザベラ・トゥリーは、クネップ・ワイルドランド計画に着手する土地と資金をもっていたし、生態学者、メディア、そして世論からも幅広く賛同を得てきた。しかし、実行可能なビジネスをつくりだすにあたって、かれらはイギリスの農業政策の制約の範囲内で動く必要がある。これはたとえば、腐肉食動物＝分解者の生態系の回復を促進するためであっても、ウシを自然に死なせ、その死骸を放置することができない、ということを意味する。さらに、かれらのエステートは幹線道路に囲まれており、近隣のエステートがかれらのモデルに倣うことに関心をもっているにもかかわらず、それらの土地を相互に接続するには、膨大な費用をかけてエコダクト（道路を渡る自然の橋）を建設する必要がある。

ドイツ統合生物多様性研究センター（iDiv）のチームは、これらの制約を認識することの重要性を感じ、二〇一八年にリワイルディングの進展スケール［目盛り］を発表した。このアプローチが認めているのは、非常に低い水準からより高い水準への移行、たとえばスケールの2から5への移行は、スケール8から完全にリワイルドされたスケール10への移行に劣らず良いことだ、ということだ。

それどころか、それがより重要な達成を意味することも、あるかもしれない。かれらのスケールは、リワイルディング運動の新たな原則に意味を与えた。すなわち、可能なことの制約の範囲内でリワイルディングの規模を拡大することこそ、目標とされるべきなのだ。この原則は、リワイルディングの専門家たちに明確な課題を与える。すなわち、必要な土地、賛同、支援、動物、資金を利用可能にし、リワイルディングを離陸させるためには、いかにして制約を削減あるいは除去するかという課題だ。

システム思考とリワイルディング・モデル

リワイルディングの科学は、関係とプロセスを優先する。そのためおそらく驚くにはあたらないが、リワイルダーの多くは、リワイルディングの条件をつくり出すメカニズムを設計する際に全体論的《ホーリスティック》な哲学を採用する、システム思考の実践者だ。システム思考には、私たちの世界をかたちづくる複雑なシステムと力を理解するための率直さと、新しいシステムを組み立てるためにそれらに実践的に関与するだけの意欲が求められる。このような考え方は、創発《イマージェンス》の論理にもとづいている。正しいシステム要素がそろっていれば、望ましい結果が出現・持続するという論理だ。ただし、創発する結果は、計画された、または望まれたものと、完全には一致しない可能性がある。不確実性、そしてある程度のリスクをうけいれる意欲もまた、システム論的取り組みや、出現しつつあるリワイルディングの行動哲学の中心にある。

現在の自然保護の制度は、因果律（原因と結果の関係）にもとづく、線形思考に立っている。つまり行動と反応、問題と解決だ。私たちのほとんどは、物事を直線的に見るように教えこまれており、その結果として、このモデルに合うように、世界の乱雑さを単純化する傾向にある。このような枠組は、政府と主要な保全団体双方の哲学をかたちづくる上で、特に影響力をもってきた。人間の活動は自然に対して圧力をかけ、自然の質と豊かさを低下させる。これらの圧力を削除・制限すれば自然の回復が可能となるにちがいない。このような論理は、種を迫害から保護し、加害的圧力から自由な保護地域の指定を国家に要求する法律に、よくあらわれている。

ヨーロッパでは、この種のアプローチと保護への強い注目が、いくつかの特筆すべき成功を収めてきた。それは脆弱な場所を保護し、多くの種類の野生動物の復活をもたらした。たとえば二〇一三年の調査によると、ヒグマ、オオヤマネコ、ハイイロオオカミ、クズリ、キンイロジャッカルの個体数はすべて、法律の制定と世論の変化の結果として、ヨーロッパ中で増加しているのだ。実際、ヨーロッパには現在、北米よりも多くのオオカミとヒグマが生息しており、その多くはドイツなどの高度に開発された景観の中にある、保全区域外で暮らしている。しかし、ヨーロッパの自然の全体的な水準はまだ低く、第3章で論じたように、一般的な鳥や昆虫の個体数は急速に減少している。因果関係に立つ単純な線形モデルにしたがう保護の取り組みは、保全活動のレパートリーの重要な部分ではあるが、自然プロセスを大規模に回復するための視野と洗練を欠いている。

この章の残りの部分では、システム思考を採用している人々が、どのようにして制約を好機に変え、新しい保全活動の哲学を形成しようと努めているかをしめしたい。このことはヨーロッパにおいてもっとも明白なため、次のセクションでは、オランダのリワイルダーたちのグループの先駆的な仕事を中心に論じる。このネットワークの触媒的人物は、一九八九年にARKネイチャーの創設者のひとりとしてリワイルディングの取り組みをはじめ、後にはリワイルディング・ヨーロッパ（二〇一一年）とヨーロピアン・リワイルディング・ネットワークをフラン・シェパース、スタファン・ヴィズトラン、ニール・ビルニーらとともに設立した、ワウター・ヘルマーだ。

リワイルディングへの投資

大規模なリワイルディングには、企業・公共機関・金融機関から資金を集める必要がある。それらの組織が投資するのは、リワイルディングが決算を黒字にするだけの見返りを生じさせるからだ。ワウター・ヘルマーは三十年前、このことに気づいた。オランダの都市ナイメーヘン近くの高度に人の手が入った河川、ワール川（ライン川の支流）を背景に、ARKネイチャーが小規模なリワイルディング・プロジェクトを開始したときだ。彼は「コウノトリ計画」（フランス・ヴェラも立案者のひとり）に触発されたのだった。これは、夏の洪水を管理するために建設された堤防（土手）を取り除き、自然な網状流路と馬や牛が自由に歩きまわる草地を回復するという、漸進的なヴィジョンだった。リワイルディングと並んで、その計画は、気候変動によって増加していた極端な洪水を管理するための、自然な解決策を政策立案者たちにしめした。より重要なのは、ヘルマーと彼の同僚たちが、煉瓦会社とその砂利採取が、資本の動員によってこの変化を実現する能力をもっており、河川再生の協力者となってくれるかもしれないと気づいた点だ。

どの国も、家屋、道路その他のインフラを建設するために、粘土と砂の供給を必要としている。これらの物質は、流れの遅い川の氾濫原に自然に堆積するのだが、これまでのような採掘・抽出の方法では、そうした景観は破壊されてしまう。したがって、より多くを抽出する計画は、激しい世論の反対をひきおこし、時間とお金がかかる。しかしより繊細な方法によって、これらのくりかえし再生する堆積物を地表で採取できるなら、それは生態系回復にむかう完璧な出発点をつくりだす。WWFオランダは、その立場を利用して、煉瓦会社、河川管理機関、ARKネイチャーのあいだの取引を仲介した。「ヘルダース・ポールト」計画という名で知られるようになった取り組みは、煉瓦会社に対して、重要な商業的価値をもつ三つのものを提供した。すなわち、粘土と砂の、アクセスが容易かつ実質的で再生可能な供給源と、操業のための社会的ライセンス、そして評判の向上だ。その見返りとして、煉瓦会社側は、二十年の期間にわたって河川の古い水路と網状流路を掘って復元することをひきうけた。ダイナミックな氾濫原が回復し、野生化した群れがふたたび確立されると、ARKネイチャーはビーバーとチョウザメを再導入し、カワウソの帰還を支援し、学校教育プログラムを実行し、ウィルダネス・カフェを開店し、人々に新しい自然を訪問・体験するよう促した。

自然への影響は驚くべきもので、かつ予想外のものだった。自然の流れが回復するにつれて、川は砂丘や土手をつくりだした。後者は水を濾過し、バックウォーター［平常時には川の流れから取り残されている水たまり］の複合体を生んだ。それぞれのバックウォーターは富栄養化を抑制し、したがって、以前はもっと上流の湖でしか見られなかったような水生生物群をささえている。同時に、3000ヘクタールを超えてひろがる氾濫原が回復したことで、政府は洪水制御のための費用を削減することができ、ナイメーヘンの住民は、自宅のすぐそばに新しくできたすばらしいレクリエーションの場を楽しめるようになった。二〇一八年には、ナイメーヘンが栄誉ある「欧州グリーン首都」の地位を獲得し、地元の誇りは高まった。

実証してみせることの力

保全資金の従来のような供給源の彼方をさぐり、砂利採取を脅威ではなく好機とみなすことで、オランダのリワイルダーたちは、土地・賛同・公的支援・資金という四つの課題を達成した。重要なのは、ARKネイチャーがシステム思考で動いたということだ。すなわちリワイルディングを、洪水リスクの大きな課題を解決すると同時に、市民の生活の質を向上させる力を秘めた、河川管理の先駆的で新しい哲学として提示したのだ。小さくはじめることと、説得力のあるヴィジョン（オランダのデルタ地帯を疾走する野生の馬たち）と根源的で新しいアプローチ（産業界とのパートナーシップ）によって、ヘルダース・ポールトは興味をそそるものとなり、前章で説明したスローな思考に他の人々をまきこんだ。そしてこのことは、社会のさまざまな分野に波及効果をもたらした。

WWFオランダは「煉瓦を使って建てる＝自然の上に建てる」というキャッチフレーズで「生きている川」キャンペーンを立ち上げた。これによって国境ムーズ（オランダとベルギーの国境にあるムーズ川）などの大胆で新しい河川リワイルディング・プロジェクトが開始され、オランダの河川管理機関は二十年以上の期間をかけ、堤防とダムの工学モデルから、数万ヘクタールにおよぶ自然河川管理に移行した。川のリワイルディングは現在、オランダではあたりまえになっており、フランスとドイツ、そしてドナウ川沿いと中国でも採用されている。

自然にしたがう解決策

現代の社会・環境問題に対する潜在的な解決策としてリワイルディングを提示することは、保全活動家、政策立案者および土木工学・健康・観光などさまざまな部門における将来を見すえた専門家たちのあいだの連携を構築する、効果的な方法だ。実際、リワイルディングの科学とそのヴィジョンは、「自然にもとづく解決策」とラベルづけされた、新しい政策概念につながっている。それはおおまかにいえば、人々が変化に適応したり社会的利益を提供したりすることにむすびつく、自然との協働や、自然の強化の行動として、定義される。

ヨーロッパの多くの地域では、気候変動と農業効率化の必要が相まって政策上の大きな課題を生みだしているが、そのことはリワイルディングの規模と射程を拡大する好機にもつながっている。たとえばスペイン中部の複数の地域では、夏の酷暑・乾燥化と限界耕作地とが組み合わさって農業がなりたたなくなり、過疎化が進んでいる。土地が放棄されると雑木林が拡大し、山火事による損害のリスクが高まる。さらに、都市での仕事を求めて村を離れる家族が増えるにつれて、農村部で提供される公共サービスのひとりあたりのコストが増大した。二〇一九年、リワイルダーのグループが呼びかけてリワイルディング・イベリアを設立し、地元の利害関係者たちと協力して、人口密度がナミビアの農村部を下回った、マドリッド西部までの広大な地域をリワイルドするヴィジョンを立案した。

この地域では、岩の峡谷や岩が露出した高原からなる野生の地形に、植林地・農地・風光明媚な村々が散在している。そして重要なのは『ゲーム・オブ・スローンズ』シーズン6でキャッスル・オブ・ジョイとして使用されたサフラ城があることだ。この文化的資産は、新しい「三つの王国」的観光地のアイデアをもたらした。タウロス、クーラン（ヨーロッパの野生ロバ）やシカの群れが平原や城・峡谷・中世的村々を歩き回り、オオカミ、オオヤマネコ、ハゲワシ、ワシが狩りをして死肉をむさぼる自然の劇場だ。このリワイルドされた状況は、写真サファリ、アドベンチャースポーツ、文化ツーリズムなどについて、アフリカが提供するあらゆるものに匹敵する好機をつくりだすだろう。しかもそれがヨーロッパの主要首都のひとつから二時間以内の場所にあるのだ。衰退しつつあるシステムを分析し、自然にもとづく新しい経済を想像するこの種の能力が、リワイルディングの規模を拡大する鍵なのかもしれない。農業的に限界になりつつある土地に新しい経済的未来を提供することで、保全活動家が土地を購入する必要がなくなり、地域開発のための政府資金を呼びこむ可能性も生じる。

　気候緊急事態もまた、リワイルディングにとっての好機をしめすものかもしれない。二〇一五年のパリ気候協定以降、世界中の国々が、持続可能な低炭素の未来への移行に必要な行動と投資を強化しはじめている。気候緊急事態の、自然にしたがう解決策への関心は高まっており、第4章・第6章の北極圏のリワイルディングと更新世公園で見たように、リワイルディングは前進のための潜在的な道を提供する。とはいえ、リワイルディングを気候緊急事態の解決にむけて発展させるためには、実践者たちがカーボン・ファイナンスというまだまだ新しい分野をよく理解しておく必要がある。手短にいえば、各国政府は炭素の市場を刺激するためにさまざまな規制の枠組を導入しているのだ。たとえば欧州連合は二〇〇五年、ある産業に許可される排出の正味《ネット》量に規制上の上限《キャップ》を設ける「キャップ・アンド・トレード」システムを設定した。上限は時間の経過とともに低減されるため、各業界は低炭素技術に投資する必要があり、炭素排出量が上限を超えた場合にはクレジットを購入しなくてはならない。リワイルディングのプロジェクトが炭素排出および／または炭素回収の測定可能な削減を実証できる場合、これらをクレジットとして販売し、リワイルディング・プロジェクトのための持続的収入を生むことができるのだ。

泥炭地（湿原《ボッグ》や沼地《フェン》）の生物群系《バイオーム》は、カーボン・ファイナンスの闘技場で大きな関心を集めている。これは泥炭地が湿った海綿状の有機土壌で構成されており、乾燥すると大量の炭素を放出するためだ。乾燥してきた泥炭地をふたたび湿らせることで、炭素排出量を大幅に削減し、単位面積あたり大きな炭素クレジットを生むことができる。現在、リワイルディングが炭素クレジットの価値を高める可能性が探求され、それにもとづき泥炭地の回復とリワイルディングに投資するというビジネス・モデルが模索されている。そこにある論理は、リワイルディングは中長期的に管理費用を減らすし、追加されるリワイルディングの物語に対して、カーボン・フットプリントを削減しようとしているＰＲ意識の高い企業がよろこんで高い料金を支払うだろう、というものだ。泥炭地リワイルディングは、生態系回復とカーボン・ファイナンスとの関連から価値ある新しい知識を生みだすはずで、これはリワイルディングを拡大するためのより広範な取り組みにとって、かけがえのないものとなるだろう。というのも泥炭地の事例は、リワイルディングの実践者たちに、新しいリワイルディング構想の設計に炭素隔離と排出削減——つまり利益と潜在的な収入の流れ——をくみこむための、ノウハウを提供するからだ。

ヨーロッパ野生動物銀行

本書の重要なテーマは、生態学的な複雑さを生みだす、草食動物と植生の相互作用の重要性だった。これまで見てきたように、大型草食動物の個体数を回復することは、リワイルディングが現代の大きな課題のいくつかに対する自然的解決策の一部となる、好機をつくりだすことでもある。けれどもアフリカ南部以外では、野生のメガ草食動物は絶滅しているか大変不足しており、希少な家畜品種として、あるいは動物園の中で、少数の孤立した個体群が生き残っているにすぎない。論証のための実験から、より大規模なプロジェクトに移行するためには、リワイルダーたちはふたつの実際的な制約に対処する必要がある。まず、放つための動物の供給ルートをいかにつくるか。ついで、「規制の足手まとい」と呼ばれるもの——大きな動物が関わるところで何か新しいことをする際の、苦痛なほどのろのろした官僚的プロセス——をいかに克服するかだ。

ヨーロッパのリワイルダーたちは、この両方のために革新をおこなっており、その際に前章で議論した南アフリカの野生動物経済モデルからインスピレーションを得ている。もちろん、ヨーロッパの状況はアフリカの状況とはかなり異なる。ヨーロッパは何世紀も前に野生のメガ草食動物を失っていて、そうした動物たちは文化的にも絶滅してしまった。ヨーロッパ人はウシやウマを知っているがオーロックスやターパンを知らず、野牛《バイソン》といえばヨーロッパではなく北アメリカにいるものだと考えているのだ。それにもかかわらず、これら三種のメガ草食動物は、ヨーロッパの野生のロバとともに、家畜として生き残っている。自然の牧草地の拡大とウシやウマの脱家畜化を可能にするために、リワイルディング・ヨーロッパのチームはコニック馬（ターパンに似た珍しい品種）、ヨーロッパバイソン、タウロスを必要な数育てる、画期的な「野生動物銀行」を考案した。ヨーロッパ野生動物銀行（EWB）は、通常の銀行と同じく資産を所有しているのだが、それらは群れというかたちをとった資産なのだ。EWBはその資産＝群れを、ヨーロッパ・リワイルディング・ネットワークのメンバーに対して、五年後に群れの半分を銀行に返済することを要求する契約にもとづき、貸与している。条件がよければ群れは年間20から25パーセントほど増える可能性があるため、メンバーたちは限られた財政支出で、初めにあった群れを回収できる。このモデルにより、銀行は野生動物資本を成長させ、他のリワイルディング地へと再投資できる。その結果、各地のリワイルディング・プロジェクトは、低コストで草食動物たちを調達できるのだ。

重要なのは、EWBが投資を集めることのできる制度をつくりあげ、そのようにして銀行に新しい種を導入し、それらの野生化された動物たちの繁殖と移動に必要な専門知識を構築し、家畜を管理・規制する機関と連携しているということだ。前章では、脱家畜化に関連する倫理的問題のいくつかを議論した。EWBとそのメンバーたちは、脱家畜化の最前線にいる。とりわけ、かれらは外見・行動・生態学的役割において野生の祖先に似たリワイルディング品種を作成し、家畜から野生への文化的移行を支援する管理モデルを開発している。そして、これから見てゆくように、より支援的な規制環境をつくるため、政策立案者たちと協力しはじめている。しかし動物の供給はまだまだ少なく、たとえ十年以内に数千頭以上の動物からなる大型草食動物ギルド復活のための多額の資金が用意できるようになったとしても、単純にいって個体数が追いつかないだろう。このことはいままでのところ、ヨーロッパバイソンに特にあてはまる。ヨーロッパバイソンは保護種であり、一度も牧場飼育されたことがなく、またコニックやタウロスとは異なり、家畜として繁殖させて数を一気に増やすことができないのだ。

リワイルディング支援のための政策を採用する

すべての政府保全機関に共通しているのは「適合性《コンピテンシー》」の概念、すなわちすべての公務員は自国の法律とすでに承認された政策を支持し、その範囲内で行動しなければならないという点だ。ヨーロッパの強力な自然保護法には、自然保護の革新を可能にする条項がまったく含まれていない。その結果、政府当局者たちはリワイルディングを支援する権限を欠いており、当然のことながら、既存の規則と手順ばかりにしがみつく。これに加えてヨーロッパ諸国には、世界中のほとんどの国々と同様に、家畜の飼育・輸送・健康・福祉を管理する、厳格な法律がある。これらの主な推進力は、ある群れから別の群れへと感染する口蹄疫などの病気のリスクを減らし、食物連鎖の一部となる肉の安全性を保証することだ。ヨーロッパでは現在、ウマとウシは、政策立案者たちから家畜としてしか見られていない。そのため、誰かが所有しなければならないし、病気の場合は獣医を呼び、死骸は処分し、事故をおこさないよう柵で囲う必要がある。ウシの場合、子牛は生後三日以内に耳タグをつけ、データベースに入力し、家畜輸送を記録し、国境を越える場合には許可を得る必要がある。それに加えて、多くの市民は動物福祉に深く関心をもっており、かつウシとウマに関して、農場で飼育される動物という以上のイメージをもっていない。脱家畜化は、生態学的な課題というよりは、政策的・文化的課題というべきかもしれない。

ウマの脱家畜化はウシよりも簡単だが、ヨーロッパバイソンの個体数を再構築することは、その両方よりも困難かもしれない。これは、文化や政策において、それらの動物の「身分《アイデンティティ》」が異なるためだ。ウマはヨーロッパで広くは食べられていないため、ウシほど規制されていない。また、半野生馬の個体群はヨーロッパ全土に三十七群が存在し、疾走するウマが自由に生きるという文化的フレームに人々はよく親しんでいる。その結果、ウマたちの脱家畜化は、文化的および生態学的にいって「それほど長い道のりではない」のだ。

対照的に、ウシは管理を監督する多数の役人を抱えているし、群れのふるまいが大きく変更されるかたちで、非常に高度に繁殖されてきた。そのため、ウシたちがかつて野生で存在していたとは、想像するのもむずかしい。その結果、リワイルダーたちは家畜をめぐる規制という制約の中で脱家畜化のプロセスを開始しているわけだが、自然な群れ構造と草食《グレイジング》の回復を可能にするために、規制の柔軟化を求めている。タウロスがEWBの所有する新しい「野生化された」ウシの品種として提示される理由はここにある。こうすれば、EWBは大規模な家畜の群れの所有者として位置づけられるため、政策立案者たちのもとへおもむき、次のようにいう正当な権利を有するのだ。「私たちはこれこれの理由で、この品種の家畜をこのように飼育しています。他の家畜オーナーになさっているのと、ただただおなじように規制を解釈して、私たちの新しい家畜事業を支援していただきたいと思います」と。このアプローチは成果を上げはじめている。

多くの国で当局は、子牛に耳タグを装着する義務を生後三日以内から一年以内へと緩和し、リワイルディング・ヨーロッパはいまや欧州委員会と協力して、ヨーロッパの家畜補助金を野生化されたウシの群れにまで拡大することの、実現可能性を探りはじめている。成功すれば、自然の草食《グレイジング》の規模を拡大するのに必要な収益を生むため、これは大幅な前進になるだろう。さらに、ヨーロッパ諸国のうち社会主義的伝統が残る国々では、放牧と狩猟の権利は国家のものである、あるいは国家からリースされる。すでにふれた限界地農業の衰退にともない、放牧権は広く使えるものになってきている。このことは、野生化された品種についての政策立案者たちの認識とともに、野生動物維持が必要とする事柄――土地へのアクセス、政策の賛同、メガファウナ、資金――のとらえどころのない混合を生みだすかもしれない。オーロックスとターパンの脱家畜化された類似物を野生種と認めさせるのではなく、意表をつくようだが政策上「家畜」の範疇にとどめておくことは、かえってヨーロッパでこれらの種のリワイルディングの規模を拡大することにつながるかもしれない。それはまた、ＥＵの「共通農業政策」を、ただその分だけでも正気にするだろう！

バイソンのリワイルディング

北米では、バイソンの個体数は一八八四年のわずか三百二十五頭から、今日では三十六万頭以上にまで回復しており、その大部分は個人所有となっている。ヨーロッパバイソンの個体数をそれに匹敵する水準まで回復するための展望は、それほど明るいものではない。ヨーロッパでは、厳格で時代遅れの政策制度の中に閉じこめられた身寄りのない種だという点で、バイソンは文化的遺物なのだ。ウシやウマとはちがって、バイソンには容易な家畜化に必要な特質が欠けていた。バイソンは八世紀までにはすでに希少になっており、ヨーロッパの王族の専用狩猟地の中で近代まで生き残った。ただし十九世紀の終わりまで生き残った野生個体群はふたつだけ、ひとつはポーランドのビャウォヴィエジャの森、もうひとつは黒海とカスピ海のあいだ、ロシアの西コーカサス山脈の個体群だった。悲しいことに、第一次世界大戦前後のヨーロッパの混乱により、これらふたつの個体群は終焉を迎え、生き残ったのは動物園にいる五十四頭だけとなった。しかもこれらはすべて、わずか十二個体からの子孫だったのだ。これはすなわち、絶滅寸前というしかない！

ヨーロッパバイソンを回復する取り組みは、一九二四年にポーランドではじまった。最初の目標は、動物園や個人飼育下での繁殖を調整および拡大し、種の遺伝的純度を回復することだった（北米のバイソンとの同系交配はいくつかあった）。一九五二年までに、最初はビャウォヴィエジャの森で、次にベラルーシとウクライナで、個体数が自由生活の群れをひとりだちさせるのに十分なものとなった。残念なことにウクライナとベラルーシでは、そのうち多くの個体がソビエト連邦崩壊の混乱期に密猟されたため、一九九〇年時点の個体数はわずか二千頭にとどまっていた。二〇〇四年、専門家グループによって準備され国際自然保護連合（ＩＵＣＮ）によって発行された種の生存計画により、ヨーロッパバイソンの保護は、より正式な足場を得ることとなった。ただし、計画の筆頭著者であるポーランド科学アカデミーのズジスワフ・プチェクは、ヨーロッパの自然植生とポーランドの再導入実践に関する支配的見解にしたがって、ヨーロッパバイソンは森林種であり、そのため将来の再導入は適切な森林区域でなされるべきだ、と結論づけた。

これはフランス・ヴェラが批判した、循環論法の典型例だ（第4章を参照）。二〇一二年、ジョリス・クロムシ（スウェーデン）、グレアム・カーリー（南アフリカ）、ラファウ・コワルチク（ポーランド）からなる国際科学者チームは二本の科学論文を発表し、ヨーロッパバイソンは「避難種」だと主張した。人間による狩猟と農業活動によって何世紀にもわたり草原から追いだされ、人里離れた森に避難所を見出した種のことだ。かれらはヨーロッパバイソンが、あくまでも次善策として森林生息域に住むことを余儀なくされたのだと考えた。その意味で「ヨーロッパバイソンを森林種だとする限り」個体数を回復するための見通しも次善にすぎないのだ。

この主張は、ビャウォヴィエジャの森の群れが冬を乗り切るためには補助的な餌を与えなくてはならないのに対し、オランダの２００ヘクタールにわたる草の生えた砂丘地帯に導入された群れは給餌なしで繁栄しているという事実によって、信憑性が与えられている。加えて、ヨーロッパの大規模な森林は、すべて森林官《フォレスター》によって管理されているが、このことが意味するのはバイソンの再導入が、森林の「維持能力」の範囲内に草食動物の数を抑えなくてはならないという、森林官の考えと一致しなければならないということだ。すなわち、木材生産の観点から、個体数が森林の構造に損傷を与えることはけっしてあってはならないのだ。その結果、毎年四十頭のバイソンが、ポーランドの森林官によって処分されている。

ヨーロッパバイソンは現在約七千頭。ソビエト連邦の崩壊による後退以来、保護団体は年平均５・1パーセントの増加率を達成してきた。これは、商業放牧アプローチを採用し現在では毎年六万三千頭のバイソンが捕獲されているアメリカ合衆国で達成された5・42パーセントの増加率に比べると、低い数字だ。動物園や自然公園にはバイソンを飼う空間がなく、バイソン再導入に使える森林もないため、毎年約千頭のヨーロッパバイソンが殺処分されているのだ。ルーマニアのカルパティア山脈南部とブルガリアのロドピ山脈では、新たなリワイルディング構想によって、ひらけた森林＝牧草地の景観へとバイソンが再導入されている。どちらの国にも、伝統的な牧畜が衰退の一途をたどる広い野生区域がある。ただし、進捗は規制との摩擦のために遅い。

欧州連合に加盟した国には、バイソンを保護種として分類するEUの自然をめぐる指針にしたがうことが求められる。各国政府は、自然関連の法律をこれらの指針に合わせることになるが、バイソンの場合、これは非常に複雑な話になることがある。一部の国では、バイソンは絶滅または「土着種だったことはなかった」に分類され、他の国では依然として狩猟鳥獣に分類されているのだ。これに加えて、バイソンは口蹄疫や結核などの家畜の病気を運ぶ可能性があるため、農業のロビー団体は、家畜の群れと接触する可能性のある野生の群れが戻ってくるという考えにはあまり熱心になれず、他方、遺伝的純粋性や「野生」の概念に執着する保全活動家たちは、種の回復計画の一部として牧場飼育を考えたことなど一度もない。ヨーロッパでの伝統的な牧畜と農業の崩壊はリワイルディングにとっての好機とはいえ、こうしたことすべてが、ヨーロッパ各地方にバイソンを放つために必要な許可の取得に、大きな困難をもたらすのだ。

さらには、再導入のためのバイソンの供給源はほとんどなく、西ヨーロッパの動物園や自然公園に限られている。その結果、バイソンを東ヨーロッパに運ぶには、いくつかの国々の国境を越えてトラック輸送しなければならず、国内の家畜に影響を与える可能性のある病気をけっして運んでいないと保証する、輸送許可証と獣医の証明書が必要だ。これらの証明書を取得するため、バイソンは旅行前に病気の予防措置を受けなければならない。この措置は多くの重要な腸内細菌を一掃するため、バイソンたちが新しいホームに到着したときには、長旅によりすでに体調を崩している上に、なじみのない植物を消化するための腸内の微生物生態系を欠いた状態となっている。おまけにバイソンたちは六か月または一年のあいだ、獣医学的囲いの中に留まる必要があるのだ。これは到着後、再導入チームがバイソンに給餌するための干し草を調達しなければならないことを意味する。ところがこれにより、バイソンに食べさせるものを現地の草、ハーブ、低木に移行させることが困難となり、死亡率が通常以上に高くなるのだ。ヨーロッパでのバイソンのリワイルディングに対する障壁を克服することは容易ではないだろう。現実的《プラグマティック》なアプローチは、規則を緩和することで、バイソンの牧場飼育に関心のあるヨーロッパの農家が余剰動物を購入し、そこから放牧用個体群を構築できるようにすることだろう。社会がリワイルディングの考えをうけいれるようになれば、その個体群からバイソンを購入し、各地に放てるようになるかもしれない。

イギリスのビーバー

イギリスでは、リワイルディングの導入に対する規制上の壁がきびしい。ビーバーの例を見ると、それがよくわかる。ビーバーはイギリスでは十六世紀に、オランダでは十九世紀初頭に絶滅し、フランスとドイツでごく少数が生き残るだけだった。しかし一九八〇年代後半からはじまった再導入のおかげで、現在ではフランスに一万四千頭、ドイツに二万五千頭、オランダにも三千頭以上のビーバーがいると推定されている。一方、イギリス政府の保全当局は、はるかに保守的でありつづけている。これを書いている時点で、承認された試みは約十二件しかなく、政府関係者たちは多数の民間による

「ゲリラ」的再導入に対して、行動をおこすように迫られている。

この問題の根は、イギリスの自然保護法が、保護種・侵入種・外来種のスケジュール（リスト）にもとづいていることにある。スケジュールがまとめられた時点でビーバーはイギリスにいなかったため、政府の自然保護当局がしたがうべき手順に関する「固定的アドバイス」がない。別の言い方をすれば、ビーバーの再導入を許可したとして、誰かが異議をとなえた際のよりどころがないのだ。このことで生じる官僚的な対応とは、ビーバー再導入の結果の費用対効果とリスク対機会の分析を可能にする証拠をあつめるために、試験的再導入を承認することだ。だがこのプロセスは時間がかかるうえに、単一の種のための証拠をあつめることに焦点を合わせると、リワイルディングのさらに広範な目標にとっては不確実な価値をともなう、新たな規制を生んでしまう可能性がある。

リワイルディングをモニターする

リワイルディング構想の増加により、一部の科学者たちが、リワイルディング・プロジェクトをモニターし評価するための実践的指針を求めるようになった。二〇一八年、ロンドン動物学会のナタリー・ペトレリひきいるイギリスの生態学者のグループは、リワイルディングには不確実性と困難がつきまとい「健全な意志決定を促進するために利用できる証拠は、はっきりしないままだ」と主張する論文を発表した。現在、リワイルディングの取り組みは、ヴィジョンと、理論的命題にもとづく論理的推論の、融合によって導かれている。今日まで、リワイルディングの行動と影響、リワイルディングにともなうリスク、そこに含まれる社会的コストと利益のあいだの関連を、明確に理解するのに適した経験的（事実的）証拠は、ほとんどない。

リワイルディングをモニター評価するための枠組を開発するのは、簡単なことではない。すでに説明してきたように、リワイルディングの実践で重要なのは、生態系の生物学的構成要素と物理的構成要素のあいだの動的な相互作用を回復し、自然にみずからの道をゆかせることだ。リワイルディングの行動哲学は、自然の不確実性を回復してそれをうけいれること、そして介入は利益のぶつかりあいを調整する必要がある場合にのみおこなうということを、はっきりとめざしている。これには、モニタリングへの新しいアプローチが必要になるし、さらには種の個体数の傾向や、ある生息域でのさまざまな種の割合の変化、または景観全体における生息域の断片化と相互接続の度合いなどばかりにこだわる伝統から、脱却する意欲が必要になるだろう。

さいわい、リワイルディングの興隆は、自然のさまざまな属性を知覚・測定・分析する私たちの能力の大きな変化と一致している。過去十年間で、レーダー、ソナー、視覚・熱・化学・地震・音響の各センサーを含む、コンピュータやセンサー類の性能と求めやすさは驚異的に向上した。小型化により、いまではスマートフォンやドローン、さらには生きた蜂に搭載されたセンサーから、データを自動的に収集できるのだ！　そのうえモバイル・インターネットの普及により、自然の中のセンサーから集められたデータの集約と共有が、さらに容易になっている。現在、工学・技術・計算とリモート・センシングの分野で革新が一気に進み、これが保全科学に流れこみ、リワイルディングにもますます流れこんでいる。科学技術は、リワイルディングをモニターし、その影響を管理するのに適した、新しいアプローチの見通しを提供する。いくつか例を見てみよう。

さきほど、再導入されたバイソンに検疫段階で干し草を与える必要について言及した。この干し草を食べる習慣は、放たれたバイソンが冬のあいだに干し草の山を襲撃する傾向につながり、地元の農家に迷惑と経済的損失をもたらすことになる。ルーマニアの南カルパティア山脈では、この問題をなんとかするため、地元のWWFチームが科学技術の革新的使用法を実験している。かれらはバイソンに小さなGPSタグを取りつけ、村のまわりに仮想（GPS）境界を作成したのだ。バイソンが仮想フェンスを横切ると、警告が自動的に地元のレンジャーに送信され、時刻・日付、およびバイソンの個体IDがブロックチェーン台帳に送られる。その狙いは、こうしておけば村人たちがバイソンによる被害の写真を（スマートフォンの日時・場所スタンプつきで）提出できるというところにある。その両者［個体認識番号と写真］が一致した場合、村人たちは自動的に補償金をうけとることができる。このシステムのよくできたところは、それがバイソンの動き、レンジャーたちの応答率と実働、そしてバイソン再導入の人的コストに関する、データを生成することだ。応用もしやすい。たとえば、耳ざわりな音と電気ショックを組みこんだ耳タグ型のGPSデバイスが利用可能になりつつあり、仮想境界を、容易に再構成可能な仮想電気柵に変えている。

北アメリカでは科学者たちがバイソンに、それぞれの位置を衛星に送信する首輪を装着した。バイソンの動きを、12万5千ヘクタールにわたる食草生息域《グレイジング・ハビタット》にわたって追跡するためだ。生成されたデータにより、分析者たちは草地でのバイソンによる食草の影響と、バイソンたちが牛と競合する度合いを定量化することができる。ほかならぬこの研究によって、バイソンと牛のあいだに草を食べることにおける競合がほとんどないことが明らかになったため、家畜の利益についての懸念が軽減され、生態学的に意味のある規模でバイソンの群れを回復しようという道がひらかれた。

いくつかの衛星は、植生タイプ・光合成・二酸化炭素排出量などのさまざまな生態学的パラメータの高解像度分析をサポートできる、強力なレーダーや光学その他のセンサーをずらりと搭載している。高解像度衛星画像へのアクセスのコストは、保全予算の範囲内に収まりつつあり、景観や地域の規模でリワイルディングの影響をモニターする機会を提供する。

衛星が登場する以前には、リモート・センシングは航空写真によっておこなわれていた。高解像度カメラを搭載した低価格の民生用ドローンの登場により、リワイルディング地域の管理者たちは「オーソグラメトリー」［複数の写真からなるモザイクによって測定する技術］を利用できるようになっている。ドローンはスマートフォンのアプリを使ってプログラム可能で、「芝刈り機」のように進む飛行経路に沿って写真を撮影する。そこから画像合成《スティッチング》プログラムで3D画像を作成できるのだ。この技術を使うことで、イギリスのチームは、再導入されたビーバーをささえる生態系内の細かいスケールの変化を測定し、ビーバーたちが生息環境に与えている積極的影響を実証することができた。ドローン・オーソグラメトリーは、植生構造やランダム攪乱イベント（たとえばバイソンの泥浴び）などの動的生態系の測定をおこなう展望をひらく。現在、このような測定は高価な商用ソフトウェアによってのみ生成できるが、リワイルド地域が増えるにつれてモニタリングの需要が高まるなら、これは克服されそうだ。

これらの例は、リワイルディングと、より一般的な保全モニタリングの、両方の将来についての興味深い見通しを提供する。すでに見てきたように、リワイルディングは生態学の理論と実践を革新する精神によって特徴づけられる。この気風《エートス》がさきほど述べたような技術的進歩と相互作用をはじめ、さらには人工知能やブロックチェーン技術といったより広範な技術的発展と相互作用しはじめるにつれて期待されるのは、不確実ながらみずからの意志をもって回復への道のりを歩む動的生態系をモニターするという課題に対する、まったく新しく、まだ想像すらされていない、解決策だ。

リワイルディングはプラグマティックである必要がある

この章で、リワイルディングのアイデアを行動に移すことのニュアンスと複雑さがいくらかでも伝わったことを願う。リワイルディングの機会はひらかれつつあり、慈善基金は増大するリワイルディング地域への資金提供を増やしている。とはいってもリワイルディングは土地利用の一形態であり、栄養系の複雑さと自然な攪乱・分散を効果的に再構築するために、かなりの面積を必要とする。リワイルディング区域を拡大させようと思うなら、結局は土地を所有する人々、土地の管理方法に影響を与え制御する人々の、利益にかなわなければならない。プレトリア大学のヤコーブス・デュ・P・ボスマは、アパルトヘイト後の南アフリカを「これまでに野生動物保全で見られた、もっとも偉大な運命の逆転がおきた場所のひとつ」と表現している。このようなことがおこったのは、これまで見てきたように、野生動物の回復が農家の経済的利益に農業よりも役立ったためだ。リワイルディングが規模を拡大するためには、それが市民、政治家、政策立案者、土地所有者、そして土地経済の将来に影響を与えようとしている団体の、利益・関心と一致するやり方でフレーム化され、実践されなければならない。

自然にしたがう解決策という新しい政治的言説は、まさにこれをおこなう好機を提供し、この章の前半で説明したように、ヨーロッパのリワイルダーたちは、気候変動や洪水、山火事、地方の過疎化などの問題に対処するリワイルディング・アプローチを積極的に追求している。二〇一九年、主要リワイルディング・グループどうしの結合は、より野生的《ワイルド》なヨーロッパのための行動の呼びかけをはじめて、さらに一歩前進した。かれらは、さまざまな分野の進歩的な専門家たちに、リワイルダーたちと行動をともにし、自然を回復すると同時にそれぞれの分野の責任を果たすためのアプローチを、共同で設計しようと呼びかけた。積極的に対話し、自然と社会の境界で革新をおこそうとするこの意欲は、リワイルディングを特徴づけるようになりつつある。私たちの見解では、そうすることでリワイルディングの規模が拡大する見込みが増すのだが、そのことはまた、将来的にリワイルディングのより多くのヴァージョンというか「濃淡」が現れるだろうことも意味する。

9　リワイルディング――将来にむけての10の予測

これまでの旅

本書では、リワイルディングという「ホットな科学」を探求してきた。議論してきたのは、さまざまな科学的方法と実践的行動によって生みだされた動的な相互作用が、広くゆきわたっている既存の見方に疑問を投げかけながら、保全という領域での新しい可能性のヴィジョンを生んでいるようすだ。私たちは本書が、リワイルディングとは何か、そしてそれが自然保護に対するこれまでのアプローチとどのように異なるのか、という疑問を解くのに役立ったことを願う。私たちの見解では、リワイルディングとは保全の哲学・科学・管理における「革新の空間」にほかならず、さまざまな規模で、しばしば機能種の導入や自然な攪乱と分散の回復を通じて、生態プロセスを回復したいと強く願うことを特徴としている。

定義としては、これはあまりに広すぎて、科学者たちが求める技術的詳細の水準を、欠いたものかもしれない。また「革新の空間」というフレーズは、多くの自然科学者たちにとっては、あまりに曖昧模糊としたものに聞こえるかもしれない。しかし私たちの見解では、リワイルディングの重要性をとらえているのは、まさにこの開放性なのだ。リワイルディングは、生成変化と回復のプロセスを内包する。リワイルディングの出現、そして科学とポピュラー・カルチャーにそれが急速にとりいれられるようになったのは、リワイルディングが、生まれつつある時代精神《ツァイトガイスト》と共鳴したためだと、私たちは考えている。この時代精神がどのようなものかというと、それは再評価・創造・プラグマティズムの精神、そして科学的・技術的・社会的・政治的・環境的な、急激でしばしば心配になるほどの変化の結果としての希望の希求、というのが最良の説明かもしれない。この時代精神によって自然志向の人々が集結し、新しい概念や技術を試し洗練できる空間をつくっているのだ。

自然保護におけるこうした革新の空間は有機的に出現してきているため、私たちはしだいにますます共有されるようになっている科学的諸原則とともに、リワイルディング構想の多様性をとらえようとしてきた。リワイルディングの科学と実践に関するこの概観がしめすのは、リワイルディングの概念が、捕食動物や相互接続された広大な景観に焦点を合わせた北アメリカの野生地戦略という文脈において初めて導入されて以来、大幅に進化してきたということだ。すでに見てきたように、リワイルディングの科学は現在、大型草食動物と草地の生物群系の共進化、そして歴史的な絶滅と家畜化が生態系にもたらした劣悪化についての、新しい洞察を強調している。このような生態系の歴史と変化に関するより長期的な見方の結果として、リワイルディングは、過去の自然のベースラインをカタログ化したり保護・復元したりというこれまでの科学的慣行を拒否しており、その代わりに複数の過去の状態からインスピレーションを得つつ、失われたあるいは衰弱した生態プロセスの復元に焦点を合わせるという、より柔軟なアプローチを選択する。このアプローチはこれまで一度も試みられたことがなかったため、科学・政策・実践の革新が必要だ。それはまた、現代の課題に対して自然にしたがう解決策をさぐる方法の一部としてリワイルディングを設計するのに、よい機会となる。

リワイルディングの科学と実践はまだ新しく、生態系回復への不確実な旅をはじめたばかりだ。けれども私たちは、この旅には明確な方向があると信じている。それで本書のしめくくりとして、次の十年間を特徴づけるかもしれないリワイルディングの発展について、以下の予測を提供しておこう。もちろん、よく使われる言い回しのように「予測は難しい、特に未来については」というわけだが、これらの新しい地平がこれからの議論と行動を刺激するのに役立つことを願う。

リワイルディングは積極的で希望にみちた環境運動をつくりだす

第7章では、リワイルディングが、希望にみち、プラグマティックで、人を力づける新しい環境ナラティヴを立ち上がらせているのではないかと述べた。このことはメディアのリワイルディングへの興味と、多くの社会領域におけるリワイルディング概念に対する熱の高まりから、すでに明らかだ。リワイルディング構想の成果がより広く知られるようになり、その結果に関するやりとりがより幅広く刺激的なものとなって、リワイルディングがその科学的・政策的な信用を得るにつれ、あらゆる職業と階層の人々がリワイルディングを積極的変化にむかう運動ととらえて参集することになるだろうと、私たちは予測している。これは環境運動が、社会の未来を形成する力をもつ文化的な力としての地位をとりもどすほどに大規模になるだろう。二十世紀の保全運動が野生生物を大衆文化の中心に置き、国立公園の設立をうながし、不滅の魅力をもつ野生生物ドキュメンタリーを生んできたのとちょうどおなじように、私たちはリワイルディングによって、自然回復が二十一世紀の文化をかたちづくる力にまで高まることを期待している。

この半世紀、保全運動が唱えてきた価値観は、環境主義に包摂されていた。これは、環境をまもるには道徳的な決意が必要であり、経済成長を制限し、海外旅行と肉食と自然開発を控える必要があると主張する、悲観的で、より政治的負荷のある教義《ドクトリン》だ。リワイルディングはそれとは対照的に、革新・技術・経済適応と、地に足のついた行動の重要性を認めている。リワイルディングは、みんなにとってよりよい未来の展望を新しい言葉で伝え、そうすることで新しい精神・自信・野心をもって、保全運動に力を与える。私たちがいっているのは、やがて保全運動は社会運動というその原点――人間社会と自然との関係を調整し、より持続可能な世界を創造しようとする人々と組織の広範な連合体――に戻るだろうということだ。とはいえ、これは人間の有害なやり方から自然をまもろうとした昔ながらの保護運動ではないだろう。リワイルディングは生態系と、生態系の中での人間の場所の回復をめざす、新たな動きとなるだろう。二十世紀半ば、自然運動は、天然資源の持続可能な利用と管理を新たに重視することを反映して、「保護＝保存《プリザヴェーション》」という用語を捨て、「保全《コンサヴェーション》」という用語を選んだ。リワイルディングが力をつけるにつれて、「保全」や「環境主義」以外の新しい用語が優勢になることが予測される。「リワイルディング」こそ、まちがいなく現在の最有力候補だ。

巨大草食動物の復帰

本書の重要なメッセージは、巨大草食動物のギルドを復活させることをめぐる科学的議論には説得力があり、それが現実にヨーロッパとアメリカでおこりはじめているということだ。私たちはこの傾向が加速し、他の大陸にも拡大すると考えている。また、ヨーロッパがその道を先導すると予測している。というのも、地方の過疎化と伝統的な農業の衰退により、新しい未来を必要とする、広大な土地が生じているからだ。さらには第8章で議論したように、自然にしたがう解決策には強い経済的根拠があるため、巨大草食動物のギルドを復活させたいという願望をヨーロッパの、とりわけ巨大草食動物が家畜種として、または少数とはいえ生き残っている地域で、かきたてるだろう。リワイルディングに対する公的および政策上の支援が大きくなるにつれて、タウロス、野生馬、バイソンの群れの需要もまた高まるだろう。

これらの種の個体数の増加曲線を加速させるために、商業繁殖と牧場飼育という形態が発展すると、私たちは予測する。そう、私たちは、巨大草食動物に適した一連の政策とともに、新しいカテゴリーとして「飼育下の野生」動物が出現すると予想しているのだ。このような政策には、指定された地域内・地域間の家畜規制・輸送規制の免除、所有権、関連する一連の責任が、含まれる。これは、収穫可能な産物の販売を可能にする規定によってささえられるだろう。南アフリカはこの点においていくらか先へ進んでおり、農業から野生動物放牧への移行が実際におきて、人々・経済・野生動物・生態系に利益をもたらしている。巨大草食動物がヨーロッパ大陸に戻ってくるなら、肉食動物の回復も強化・拡大され、一部の地域にはアフリカに匹敵する野生動物のスペクタクルが生まれるだろう。

ヨーロッパのメガファウナ生態系の回復は、他の国々にも同様の取り組みをうながし、また、他の大陸の保全活動家たちに経験と知識を豊富に提供することになる。巨大草食動物はこれまで、大型ネコ科動物や霊長類と同じようなカリスマ性を見出されてこなかったけれども、それにもかかわらず私たちが予想するのは、今後十年間で巨大草食動物の保全運動がかなりの水準の科学的威信をもつようになり、またかなりの資金提供をうけ、巨大草食動物への一般の関心と評価が高まるだろうということだ。インドシナおよび東南アジアでは、巨大草食動物が絶滅の瀬戸際にいる孤立種として生き残っているが、この地域のリワイルディング景観についての新しい関心が高まると私たちは予測している。フィリピンでは、タマラオ保全プログラム（ＴＣＰ）により、二〇〇〇年には二百頭未満だったタマラオという矮小種のウシの個体数を、現在では五百頭以上に回復させて、いったい何が可能なのかを実演してみせた。私たちはアジアの保全活動家たちがリワイルディングの新しい科学にとりくみ、特にかれらの長いリストに記載されている絶滅の危機に瀕した巨大草食動物たち――クープレー、アノア、サオラ、ガウア、バンテン（以上すべて野生のウシ）、そしてジャワサイとスマトラサイ――はすべて「避難」種だと考えはじめるにつれて、一気に大きな変化が訪れるだろうと信じている。この動物たちはヨーロッパバイソンとおなじく、人間からの迫害と気候変動の組み合わせによって、次善の生息域である森林へと追いやられたのだ。タイ、カンボジア、スマトラ、フィリピンでの、草地＝森林＝メガファウナ系を回復するプロジェクトは、この地域の巨大都市の住民たちにとっては非常に魅力的なものとなるだろうし、起業家たちにとっては観光にもとづく本格的なビジネスの好機と見えるのではないか。本書ではインドシナと東南アジアについて、ほとんど言及できなかった。だが二〇三〇年に書かれるリワイルディングに関する本では、そのようなことはけっしてないだろう。

リワイルディングが主流となる

リワイルディングは、科学界、保全団体の内部、動物福祉に関心のある市民、そしてリワイルディングのヴィジョンによって自分たちのライフ・スタイルが脅かされていると感じるコミュニティとのあいだに、論争をひきおこしてきた。メディアは、オオカミ、クマ、オオヤマネコなどの肉食動物を再導入するという提案に飛びつき、根深い恐怖を煽るやり方でそれらの動物たちをフレーム化し、記事のネタになる二極化した議論をつくりだした。第7章で論じたように、ときにリワイルダーたち自身が文化的感受性に対して鈍感であったり素朴すぎたりすることがあり、それが深い憤りをもたらすこともあった。イギリスではリワイルディングに関する討論が特に激しくて、WWF、ナショナル・トラスト、RSPBなどの大きな保全団体が、幅広い会員基盤の一部を失うかもしれないという恐れから「R」ではじまる一語［つまりrewilding］の使用を避けるようになっている。

私たちは、論争や討論の激しさがいずれは消散し、リワイルディングが文化や政策の主流になると信じている。たしかにリワイルディングは、すでに文化の主流に入るまさにその変わり目にあるといえるだろう。そこでは、一般の読者層にリワイルディングを紹介する「エコ・オプティミズム」の本が、多く人気を得ている。もっとも重要なもののひとつはイザベラ・トゥリーの『ワイルディング』（121ページ参照）で、ベストセラー・リストに入り、有名なラジオ番組やテレビ番組でも紹介された。その結果、自然に特別な関心をもっていなかった人々さえ、保全という考え方への最初の入門のために、その本を読んでいるのだ。基本的に、リワイルディングは人々に救済、再接続、希望、発見の物語を提供する。リワイルディングの物語は、無視するには説得力がありすぎる。そのため私たちは、野生生物メディア（映画制作者、作家、ジャーナリスト、編集者）がリワイルディングをうけいれ、その人気の影響範囲を拡大させるだろうと信じている。

リワイルディングは政策の主流からは少し外れているものの、自然にしたがう解決策としてのリワイルディングのポテンシャルがよりよく知られ、よりよく証明されるようになれば、この状況は急速に変化するだろう。たとえば今後数年以内で、リワイルドされた（森林＝牧草地の）土地システムによって隔離された炭素の水準と、再植林された土地でのその水準とを比較する、科学的研究が現れることが期待される。手短にいえば、リワイルドされた土地システムは、炭素を土壌に、林に、拡大された動物相に、隔離するポテンシャルをもつのだ。土壌はすべての陸生植物（熱帯雨林を含む）よりも多くの炭素を貯蔵しており、研究によれば、長期にわたって耕作された場合、土壌は土壌有機炭素（SOC）の20パーセントから65パーセントを失う。劣化した農地が生態系回復を経験すると、大気中の二酸化炭素を除去し、それをSOCとして蓄えることになる。そして、成長の速い草地で摂食する大型草食動物たちは、糞により土壌へと炭素を返し、それにともなう土壌生物相《バイオタ》の回復を加速させうる。

政治家たちは、何百万本もの木を植えるという公約で、気候崩壊に対する人々の不安に応えている。しかし何人かの科学者は、長期的に見れば草地のほうが木々よりも信頼できる炭素吸収源かもしれないと指摘している。とらえられた炭素が草地の土壌に貯蔵されるためだ。対照的に、木々は木質部分と葉に炭素を蓄えるので、火がつけば炭素を大気中に放出する。このように森林＝牧草地の複数の利点と単純な植林の利点を対比する研究がますます増えており、そこから私たちが予測するのは次のことだ。政策決定者たちは、リワイルドされた土地システムが一連の懸案事項――気候変動、生物多様性の損失、洪水管理、土壌の健康、倫理的な食料生産、地方の過疎化――に同時にとりくむ潜在的な力をもつことに気づき、より広範なリワイルディングの採用につながる政策と誘因を徐々に整備するだろう、と。

　これは議論がなくなるということではない。しかし私たちは、議論がより証拠にもとづいたものになるにつれて、成熟してゆくだろうと予測している。リワイルディングが新しい用語として登場した際、政治的優位を得ようと目論むグループや個人、または歴史的不正義に対して新たに注目を集めなおそうとするグループや個人にとって、ちょっとした藁人形［＝論争の的］となった。これらには、リワイルダーたちが大規模な土地取得、新植民地主義的な追い立て行為をおこなって、農業による生計をおびやかしているという主張が含まれていた。リワイルディングの実践と関連する原則のポートフォリオが出揃い、細かく検討できるようになったいま、そのような誤ったイメージや誇張を維持するのはむずかしくなるだろう。加えてリワイルディングの精神は、革新、プラグマティズム、共同生産《コプロダクション》の原則をいよいよ強調している。要するに、リワイルディングは純粋主義的な保全ではない、ということだ。

　次の十年間で、リワイルディングの議論は、トレードオフとリスクの問題に、より焦点を合わせてゆくと予想される。たとえばリワイルディングの取り組みの規模が拡大しはじめるにつれて、希少種や専門種に対するリワイルディングの影響、および侵入種や病原体の拡散に対する影響について、より多くの議論がなされるだろうことを、私たちは予期している。このような議論は重要であり、歓迎されるべきだ。なぜなら、あらゆる新しいアプローチは、賛同を集め、インパクトをもつためには、きびしい挑戦を必要とするのだから。

リワイルディング科学のプログラム——討論からデータへ

　リワイルディングは現在、証拠をしめすというよりは理論が先行している。本書がとりくんできたのは、新しい科学的・実践的洞察だった。すなわち、生態学において当然と考えられてきたこと——ヨーロッパの自然植生は閉鎖林だということ——を再検討し、さらに長年の諸議論、特に更新世の終わりにかけてのメガファウナの絶滅における気候と人間それぞれの役割に関する議論に決着をつけようとしている、いくつかの洞察を重視してきた。リワイルディングは、保全の科学・政策・実践のパラダイム・シフトのはじまりを告げるものだと、私たちは信じている。ただしここには、膨大な量の細部が欠落している。新しい機能主義パラダイム——生物多様性・絶滅危惧種・生息域を保護することから、機能種のギルドを自然の攪乱と相互接続性とともに復元することを通じて生態系の複雑さを再構築することへの、焦点の移行——は、根本的な変革をもたらすものでありうる。しかし、それを実行に移す方法、含まれる潜在的リスク、およびリワイルディングが炭素隔離や新しい自然ベースの経済などの「相乗便益《コベネフィット》」をどの程度もたらすかについては、まだまだわからないことが膨大にある。

　これらの疑問に対処するため新しい科学プログラムが出現しており、今後十年間でその範囲と野心が拡大すると、私たちは予測する。『王立協会報告《プロシーディングス》』の二〇一八年のある特集号では、オランダ生態学研究所のエリザベス・S・バッカーとオーフス大学のイェンス＝クリスチャン・スヴェニングの編集で、リワイルディングの研究課題の輪郭を素描する、一連の論文がまとめられた。ふたつの大きな主題が明らかになった。ひとつめは、さまざまな土地利用タイプにおいて、草食動物をリワイルディングすることの生態学的影響を理解することだった。このテーマは、リワイルディングが生物多様性に良い影響を与える可能性があるという仮説を検証することを目的としており、次のふたつの点にまたがる。（1）リワイルディングが土壌と植生の構造およびそれに関連する生物多様性におよぼす影響を調査する。（2）リワイルディングがどの程度まで侵入種や病原体の拡散を抑制または促進するかを調査する。リワイルディングが景観全体における分散・相互接続性の回復を目的としていることを思いだしてほしいが、これは、私たちの弱体化した生態系に大混乱をひきおこしうる、侵入種や病気の拡散を助長する可能性もあるのだ。

第二のテーマは、どの機能種をどこに、どのような順序で、どれくらいの数、導入するかという問いをめぐるものだ。これは、背景が異なれば種の混ざりあい方も生態学的歴史も異なり、したがって異なる機能種の追加に対する反応も異なりそうだということを認識しているリワイルディングの実践者たちにとって、緊急の重要な問題だ。

ある草地と雑木林の区域を例にとってみよう。そこでは何十年ものあいだ、ウサギとノロジカ、家畜のヒツジたちが混在して草を食べてきたが、ヒツジの放牧が減少するにつれて、森林へと遷移している。この場所で栄養的複雑さと食草のダイナミクスを再建するための、最良の戦略は何だろう？動物や資金の都合によって、まず野生馬、その次はバイソンといった具合に、一種ずつ導入するのは問題ないだろうか？　それとも、アカシカ、野生馬、タウロスなどの大型草食動物のギルドがいっぺんに導入されたほうが、生態系はよりよく反応するのだろうか？　ヒツジやヤギはどうだろう？　これらの草食動物たちは、リワイルドされた新しい生態系のどこにうまくはまりうるのか？　これらは複雑な問いであるため、私たちが期待するのは、複雑性理論とコンピュータ・モデリングの専門知識をもつ科学者たちが生態学者たちと協力して、さまざまな導入シナリオの生態学的影響を探求することだ。さまざまな機能種の身体的・行動的特徴と、機能種を導入した際の生態学的影響についてより多くのことが知られるようになるにつれて、それらのモデルが洗練されたかたちで発展し、実践者たちはリワイルディングに対してより診断的でデザイン工学的なアプローチをとるようになると期待できる。

リワイルディングと気候科学の関係についてはすでにふれたが、これはリワイルディングが気候変動にどの程度対処できるか、山火事の増加や農村地域の過疎化など他の政策課題の解決にどの程度役立つかについての研究とともに、重要な研究分野になると、私たちは予測する。また、自然にしたがう解決策としてのリワイルディングの費用対効果を厳密に試験するために、大規模かつ長期的なリワイルディングの科学的実験がおこなわれることが予測される。たとえば二〇二〇年にオックスフォード大学のチーム（この本の筆頭著者を含む）は、北極圏のリワイルディングによって永久凍土の融解による二酸化炭素排出量が削減できるという更新世公園の仮説を適切に試験するための、十年間の科学プログラムの概要を述べた。チームの推計では、このプログラムには1億2千5百万ドルの費用がかかる。これは高額に聞こえるかもしれないが、過去十年間に欧州連合が二酸化炭素回収《カーボン・キャプチャー》技術の研究に費やした4億8千6百万ドルよりもはるかに少ない（EUの監査人たちによれば、この研究はほとんど達成されていない）。私たちは他の科学者たちがこれに続き、大きな公共利益をもたらす可能性のある、探索的リワイルディング研究プログラムのヴィジョンを提案することを期待している。

リワイルディング研究に関する私たちの最後の予測は、あるいは願望は、古代DNA研究の進歩がリワイルディングにまでおよぶことだ。本書のテーマは、リワイルディング科学の学際的性質と、そして技術の進歩のおかげで次々に登場する新しい手法だった。おそらくリワイルディング科学で何よりも重要なのは、人間が長年にわたって生態系におよぼしてきた影響をより明確な絵として提示し、それらを利用して人々と野生生物の両方が「よく生きる」ことのできる生態系を再構築することだ。過去数十年で、古代DNAの科学——古代の遺体からDNAを抽出し、個体群の混合と移動を経時的に追跡する能力——は、進化と現生人類の拡散についての知識に革命をもたらした。私たちは、科学者たちがそのような技術を、更新世後期および完新世初期の草食動物の遺体に適用しはじめるだろうと予想する。そこから得られた洞察は、ヒトの分散に関する新しい理解と組み合わされることで「過剰殺戮《オーヴアーキル》」仮説［ヒトが過剰に狩猟したことによりメガファウナが絶滅したとすること］を精緻にし、人類が生態系に、より一般的には地球システムにおよぼす影響に関する、私たちの知識を深めるだろう。

設計によるリワイルディング

二十一世紀の決定的な特徴のひとつは、農村部から都市部への人々の移動の増大だ。国際連合は、いまや世界人口の約55パーセントが都市に住んでいると推定しており、二〇五〇年までにこの割合が68パーセントに増加すると予想している。五十年前、世界人口の63パーセントは農村部に住んでいたが、二〇〇六年には農村と都市の割合が逆転。その時点から、人類の未来は都市化の一途をたどることとなった。地域や大陸によって数値は異なるものの、この傾向はあらゆる場所で共通している——そしてこの移行には、土地利用の二極化がともなう。一方では、生産用の土地が、より大きな機械とより進んだ技術でより集中的に管理され、増加する人口に必要な食料と資源を生産している。もう一方では、乾燥しすぎていたり、肥沃でなかったり、急峻だったりするために、農業や林業にとっては周縁的な土地が放棄され、自然に立ち戻りつつある。

植生の自発的な回復は「受動的なリワイルディング」だと呼ばれることが多くなっている——自然が、人間による放棄のあとに陥っていた状態から、みずからの道を見出すリワイルディングだ。温帯地域では、これはさまざまな度合いで樹木に覆われた土地となることが多く、このことは多くの人々に歓迎されるだろう。しかし他の場所では、東南アジアのアラン・アランと呼ばれる草原や、第8章で議論した燃えやすい低木地帯のような、野生生物に乏しい生態系をもたらす可能性がある。リワイルディングは本質的に一種の生態系工学《エコロジカル・エンジニアリング》であり、生態系を回復の軌道に乗せるために栄養の複雑さと自然のダイナミクスを復元する、計画的な実践をさす。すでに説明したように、リワイルディングは自然にしたがう解決策という政策概念と、ますますよく一致するようになっている。それは、自然の力を復元し、それと協働することで、社会および環境の変化に適応することが可能となる、という考えだ。私たちは、このアイデアがうけいれられることで、土地放棄と受動的リワイルディングが、能動的リワイルディングの原則に立つ土地システムの変更へと道をゆずるだろうと予測する。また私たちは、限界農業地域から機能的生態系への移行に弾みがつくことも期待している。そうした生態系は過去からインスピレーションを得ながらも、設計され「操縦」されることで、人間社会のためにさまざまなかたちの将来的価値を生み出す——炭素隔離や自然な洪水管理から、文化的アイデンティティの再活性化や公衆衛生の改善にいたるまで。

都市のリワイルディング

リワイルディングは、人間の影響力が後退している地域のみでおきているのではない。私たちはまた、都市リワイルディングの取り組みの出現も目の当たりにしているところだ。そしてこれは今後、増加することが予想される。というのもリワイルディングの物語群は、自然とつながりなおしたいという欲求を、都市住民に生じさせるからだ。都市リワイルディングは人口密度が低い景観でのそれとは様相が異なるが、補完的なリワイルディング形態をひきうけ、時間の経過とともに、農村と都市それぞれのリワイルディングのあいだの流れが、文化運動としてのリワイルディングの影響力を大きくするだろうと、私たちは予想している。

今後十年間でリワイルディングが、一九八〇年代の都市における自然保全運動を、再活性化・拡大することが予想される。この運動では、西ヨーロッパやアメリカの進歩的な諸都市、またシンガポールで、都市再生の一環としての都市緑地計画に、自然の保護と復元がよくくみこまれた。現在、ほとんどの都市リワイルディング・プロジェクトは、地方自治体との以前のパートナーシップを復活させ、野生地域を保護・創出し、野生生物を呼びもどし、市民を地元の自然とむすびつけるという活動を組織することに懸命だ。今後十年間で、リワイルディングへの一般の人々の熱意は、都市の住みやすさを向上させるための進歩的な都市環境計画・保健計画にむすびつくと予想される。

都市をリワイルドするためのアイデアを探るブログや意見記事はウェブ上にたくさんあり、それらはふたつのテーマに焦点を合わせている。建物と緑のインフラの設計、都市生活の質だ。一九八〇年代と現在との目立った違いとして、緑の、または「クールな」屋根への関心がある。コンクリート・フレーム建設の技術によって、私たちの都市には高い場所にある平らな屋根がいくつも登場した。そこに植物を植えることは、都市の高温スポット・汚染・雨水流出・暖房費を削減する手段となり、新しい庭園、都市農場、野生の区域を増やす機会となる。

緑の屋根は、自然が都市で活用できる空間を大幅に拡大し、都市型リワイルディングの可能性を高めるだろう。それは受粉や種子分散などの生態プロセスだけでなく、生態系の相互接続性と都市での種の分散を回復しうるものだ。第5章で説明したエコスペースの概念は、独立した数層に分かれた空間から構築される、機能する都市生態系を設計するための、貴重な理論的枠組となる。全体として、それらの生態系はこれまでにあったものとは似ていないかもしれない。私たちは、それらが私たちの愛する種(アマツバメ、蝶、花を咲かせる樹木など)を強化し、問題をひきおこす種(花粉の多い植物、ネズミ、ハトなど)の個体数を減らすように設計されると予想している。リワイルドされた都市生態系は、美しいけれども妙に衛生的なものとなるだろう。

また、リワイルドされた都市空間の設計と管理に、市民が積極的に関与することも予想される。科学的証拠の蓄積は、私たちの多くが直観的に知っていることを裏づける。すなわち、自然との接触は私たちの気分を良くし、不安やストレスを軽減し、免疫系を強くするということだ。リワイルディングという用語が人々の意識に入ってすぐのころ、それをとり上げたのは、より大きなつながりの感覚やマインドフルネス、自律を求めながらも、少しばかり同調を嫌う人たちだった。「自己をリワイルドする」や「心をリワイルドする」といったフレーズは、自然が街にくみこまれた新しいかたちの都市生活への憧れをあらわしている。都市リワイルディングは、建設的かつ過度に政治的ではない民主的参加と地域活動のための、新しい機会をもたらす。私たちは都市リワイルディング運動が世界中の街に出現し、盛んになると予測している。

次の十年間で、「スマート・シティ」の理想に向けた大きな進歩が見られるだろう。スマート・シティとは、ビルやインフラのほか、「モノのインターネット」(IoT: Internet of Things)を装備した乗物と人々を含み、都市をより効率的に管理するための分析センターにデータをストリーミングするセンサーを備えた都市区域のことだ。私たちの希望は、都市リワイルダーたちが「生態系に関わるモノのインターネット」(IoET: Internet of Ecological Things)の開発にアイデアを提供し、スマート・シティのヴィジョンをつくりだすことだ。そこでは市民はスマート・フォン、スマート・スピーカー、それ以外にも今後現れるかもしれないさまざまな機器を介して、直接的・間接的に自然の光景・音・リズムとつながることができる。それはとりもなおさず、都市環境下で生じる生態系回復をモニターしてゆく技術の初期設計と開発にもあたるだろう。

リワイルディング活動の分散ネットワーク

本書のメッセージのひとつは次のようなものだった。すなわち、リワイルディングはますます整合性のとれた科学体系と合意された諸原則に土台を置いているものの、さまざまな文脈で、さまざまなグループの人々によって、さまざまに表現されているということだ。要するに、リワイルディングには多くのヴァージョンがあるのだ。そのことがもたらす柔軟性とインスピレーションによって、地域に根ざしつつ、非公式の知識とスキル共有を通じて機能する、多くの新しいリワイルディングの試みが出現すると、私たちは予測する。

別の言い方をすれば、私たちはリワイルディングの将来の組織形態が、小規模から中規模の企業の分散したネットワークになると考えている。これは、二十世紀後半に出現し今日でもまだ支配的な、中央集権的でやや官僚的な保全モデルとは、まったく異なるものになるだろう。当時、さまざまな要因により、保全団体が成長して影響をもつためには、中央集権化が不可欠だった。それらの要因には、コンピューティング・コミュニケーション、旅行のコスト、意志決定者や資金提供者にアクセスを許すネットワークの地理的範囲の制限、訓練をうけた保全専門家の数の少なさがあった。WWF、バードライフ・インターナショナル、コンサヴェーション・インターナショナル、ザ・ネイチャー・コンサーヴァンシーといったおなじみの組織はすべて中央化した組織とブランドを構築することに成功し、その上で各国政府と協力した。これにより一連の法律・政策・基準と目標を設け、生物多様性を各国内でも、国際的にも、主流化したのだった。

中央集権化が絶対必要だという考え方は、インターネット、強力で低コストのコンピュータ計算の台頭、保全科学の学位を取得した人々の増加によって、消えた。保全の取り組みをはじめるのが、かつてないほど容易になったのだ。そのため私たちは、起業家精神をもつ人々が、リワイルディングの精神に動機づけられ、テクノロジーの力を借りて、リワイルディングのヴィジョンを開発・実行するための組織をつくると予測している。私たちはすでにこれを目の当たりにしており、リワイルディング・コミュニケーションを専門とした組織もあれば、群れの管理、アドバイス支援、エリア・マネジメントを専門とした組織もあるということを知っている。私たちはこの傾向がつづくことを期待し、リワイルディング企業の機能的な「生態系」が出現すると考えている。

リワイルディングの波及効果

今後二十年間で、主要なセクターがリワイルディングと生態系回復をみずからの使命・アプローチ・経済原理にとりこむのが見られるだろうと、私たちは予想する。第8章で見たように、これはオランダの河川管理ですでに生じており、私たちは高度に治水された河川系をもつ他の先進国でも、このようなリワイルディング構想が普及するだろう、と予想している。

水産学（漁業資源の管理と理解に関する学術的研究）は、基線移行《シフティング・ベースライン》症候群という重要な概念原則を、リワイルディングに提供した。これは、新しい世代はそれぞれ、自分が若いころに出会った自然を生態学的豊かさと多様性の「自然な」参照水準とするため、生態系のゆっくりとした劣化が見過ごされてしまう、という現実のことだ。リワイルダーと水産学者はどちらも、自然のゆたかさの減少がどれほどの規模かを理解しており、自然な川の流れと魚の個体数を回復したいという願いを共有している。サケやチョウザメなど海に生息して淡水で繁殖する魚と、ウナギなどその逆の魚、それぞれの移動を復活させることを提唱する、進歩的な水産学者とリワイルダーによる連合が、今後十年間で形成されると、私たちは予測する。アメリカ西海岸での太平洋サケ復活プログラムなどの取り組みは、リワイルディングと目標を共有している。古いダムを撤去し、それが不可能な場合でも、魚道を改善するのだ（そして水系と河道を損傷から保護するために、林業改革を働きかける）。リワイルディングが人々に訴えかける力と漁業管理の経済的影響力をくみあわせることで、漁業と生態系回復という両方の目的を促進することができるだろう。それはまた第6章で説明した、海と陸のあいだの栄養の流れを復元する道にもなりうる。

林業にも、より薄められたかたちにおいてではあるものの、リワイルディングの原則がとりこまれることが見込まれる。森林官《フォレスター》たちは一般的に動物の個体数の回復には関心がないし、かれらの職業の焦点は積極的な自然管理であって、みずからの意志をもち人間による介入の大幅な減退を必要としている生態系の回復ではない。それにもかかわらず、ノーマン・ダンディとソフィー・ウィン＝ジョーンズが『フォレスト・ポリシー・アンド・エコノミクス』の二〇一九年号で主張するように、林業とリワイルディング科学の要素には数多くの類似があるのだ。かれらは、イギリスでのいくつかの林業プロジェクトが自然森林の回復を希求していること、そしてこの森林回復は、林地の生態学的相互接続性・自立性・回復力《レジリエンス》に、より注意を向けていることを指摘する。それらすべては、リワイルダーたちにとって重要なものだ。そのためふたりの著者は、森林再生に携わるリワイルダーたちと林業従事者たちのあいだの、より積極的な対話を求めている。

生態系回復の十年が勢いを増すにつれて、リワイルディング科学が、さまざまなセクターによる回復アプローチに影響を与えることになるだろうと、私たちは予測している。たとえば農家のあいだでは、環境再生型《リジェネラティヴ》農業や牧草地での家畜飼育への関心が高まっている。どちらも土壌の肥沃さと微生物を回復させ、生物多様性を推進する、農業原則と農業実践にもとづいたものだ。さらには、実験室で食肉を増殖させる技術が確立し、「塊の《バルク》」肉が培養増殖の蛋白質にとって代わられるにつれて、持続可能な食肉生産が社会的に大きな話題になる可能性が高い。放し飼いの草食動物または牧草地飼育の家畜といったリワイルディング的手法を通じて、高品質のプレミアム肉を生産する土地システムをつくりだす方法について、リワイルディング支持者たちと畜産農家のあいだには、生産的な交流をつくりだせるように思われる。

私たちはそうした対話が、自然保全運動のさまざまなセクターのあいだでもおこることを期待している。たとえば第2章で海洋システムに対する人間の多大な影響について言及したものの、海洋リワイルディング・プロジェクトについては、私たちはまったくふれなかった。これは、海洋メガファウナを保護し、珊瑚礁や海草藻場、その他の沿岸システムを保全・回復することにとりくんできた長い伝統をもつ諸プロジェクトとリワイルディングがどのように異なるか、またはリワイルディングがそれらに何をつけくわえるかが、まだはっきりしないためだ。これまでおこなわれてきた海洋におけるたくさんの実践は、すでにリワイルディングの原則と合致している。たとえば、オニヒトデを除去するプロジェクトは珊瑚礁の回復を始動させ、マングローヴの再植林は魚の産卵・生育場と沿岸保護機能を回復している。しかし、リワイルディング科学のラディカルな側面が海洋保全活動家たちのあいだでよく知られるようになるにつれて、海洋回復のためのより野心的なヴィジョンの進展がうながされるとも、私たちは予想している。

エクストリーム・リワイルディング

本書のテーマのひとつは、科学の革新を推進し、何が可能かに対する人々の期待を再設定する上で、先駆的リワイルディング・プロジェクトが果たす役割だった。今後十年か二十年のうちに、より極端で野心的なリワイルディング実験が出現することが予測される。具体的には、失われたメガファウナのギルドを、地球上で利用可能な、もっとも近い同等の種から再構築する取り組みだ。それらは科学的実験でもあるだろう。たとえばアジアゾウなど現存する長鼻目を導入することによって初めて、南アメリカの森における長鼻目の絶滅の影響が理解可能になる、ということだ。ただし、自由に歩き回るサイをオーストラリアに、チーターを北アメリカの大草原に、ライオンをヨーロッパに導入するというような考えは、あまりにも急進的なため、保全サークルの内部でも議論がおきるだろう。しかしそのようなアイデアは、保全生物地理学にあまり詳しくなくて、かつ動物園を訪れたり「ハイパー野生」自然ドキュメンタリーを見たりすることに慣れている人々には、訴えるものがあるだろう。「リワイルディング公園」が出現したとして、驚くことはないわけだ。それは機能種の新奇な集合体が、限定された管理下で暮らすことができ、それらの生態系への影響が研究可能で、未来のありうる自然を人々が訪れて体験できるように開発されたサファリパークだ。

そのような公園は、サイ、ゾウ、ライオン、トラなど重大な危機に瀕しているメガファウナのバックアップ個体群を、通常の生息範囲外にある安全地帯で構築し、そうすることによって、種を救うという伝統的な努力と連動できるかもしれない。リワイルディング公園は第8章で話題にした野生動物銀行という考え方を拡張するものでありうるし、野生の個体群を保護し、再導入のために脱家畜化された種の「パイプライン」を育成する取り組みを含むものとなるかもしれない。より長期的に見れば、そのような公園は、草食動物や捕食動物のメガファウナを元来の生息域の範囲外に恒久的に導入することで生じる事態のうち、とりわけ失われた進化プロセスの再開のための条件を、つくりだすかもしれない。

もしリワイルディング公園が実現すれば、それらは脱絶滅の実験場となる可能性が、十分にある。マンモス、サーベルタイガー、毛長サイといった絶滅種を復活させるという考え方は、人々に大きく訴えかけるものだ。すでに見てきたように、ハーバード大学のジョージ・チャーチひきいるチームは、マンモスに似た動物を再現することに、すでに何年ものあいだとりくんでいる。一方でベス・シャピロは、失われた種のクローンを作成することは科学的な可能性という領域を超えており、そのような動物は既存の種のＤＮＡに接合され、絶滅した種のように見えるかもしれないし見えないかもしれないハイブリッド生物において表現される、遺伝物質の断片としてのみ戻ってくるだろう、という説得力のある主張をしている。脱絶滅はリワイルディングのスペクトラムの極北にあるため、私たちはそれがシャピロが危惧するような方向に進まないことを願っている。脱絶滅は自然を見世物小屋に変え、より穏健なリワイルディング実践がもつ変換のためのポテンシャルを弱めてしまうかもしれないのだ。

自然が驚きをもたらす

数々の先駆的プロジェクトは、自然が急速に回復し、予想外の結果と新鮮な洞察を生みだして、驚きと喜びをもたらすことをしめしている。これまでの章で、私たちはそのいくつかについて言及した。

ほんの数例を挙げるとすれば、インド洋のエグレット島とロンド島での、絶滅の危機に瀕したトカゲの「立ち直り」、オランダのデルタ地帯での、以前は富栄養化のない上流でしか知られていなかった水生生息域の出現、ヨーロッパバイソンは森林＝牧草地のモザイク地に属する種であって、高い樹木の森に住む森林種ではないかもしれないという認識などだ。そして私たちは、栄養の複雑さ、自然の攪乱、景観の相互接続性が回復するにつれて、さらに多くのことがおこると予測している。

驚きを予測するのはひょうきん者のやることだが、とはいえ、何がおこるかを考えてみるのは楽しいし、やる気をおこさせる気晴らしになる。ここまで読んでくださったのなら、あなたが知っていて大好きな自然区域で、リワイルディングがどのような驚きをもたらしうるかを、ぜひ想像してみてください。ある地域で絶滅したと考えられていた比較的小さな種の再出現に驚いた何人かのリワイルダーたちは、景観が生態学的な「記憶」をもっているのだと語っている。甲虫・蛾・菌類といった種は、あまりにも希少で散らばっているため生態学的モニタリングによっては検出できないほどの小さな個体群で耐えているのかもしれないが、リワイルディングがかれらのためのエコスペースを復元すれば、長らく忘れられていた記憶のように再び出現するにちがいない。そのことに、私たちは気づきはじめているのだ。

リワイルディングは生態系を新しいやり方で見ることをうながしており、今後十年間で科学者たちは、自分たちが見落としてきたものに驚くことになるだろうと、私たちは予言する。たとえばリワイルディングの考えに触発されて、ブラジルの生態学者たちは、自国の奇妙な洞窟システムに関する報告群を調査した。かれらは、それらが実際には「古い巣穴」だったことに気づいた。これは絶滅した巨大な地上性ナマケモノによってつくられた、１・５メートル幅、長さ数百メートルにおよぶこともあるトンネルなのだ。この新しい知識を武器に、巨大ナマケモノの巣穴がさらに多くの国々で発見され、それが周知されることで、各国は生態系の歴史を再考し、リワイルディングのアプローチを保全にくみこむようになるだろう、と私たちは予測している。より一般的にいえば、多くの絶滅危惧種が実際には、いまや忘れ去られたメガファウナ、植生、トポグラフィー［地形・地質］の相互作用によってつくりだされた動的で多様な生息域に適合するように進化したものだということに、保全科学者たちは驚くだろうというわけだ。リワイルドされた生態系が再拡大し、かつ一度は絶滅の危機に瀕した種のふるまいとライフ・サイクルが新たに眼前に展開するにつれて、私たちはかれらの真の生態学的アイデンティティへの手がかりが、以前は見えていなかったことに驚くかもしれない。

　しかしおそらく最大の驚きは、リワイルドされた自然が急速にあたりまえのものとなり、大切にされ、望まれるようになることだろう。一九八四年、アメリカの昆虫学者Ｅ・Ｏ・ウィルソンは「バイオフィリア」仮説を導入し、それは「他のかたちの生命と協調したいという、［人間］の生来の衝動」だと記した。何千年にもわたる生態学的な衰弱により、さまざまな生命体、特に大きさや社会的行動、知覚力の点でヒトと近い水準にある動物たちとつながる私たちの能力は、すっかり弱まってしまった。リワイルディングは、自然とつながるための、新しく充実した方法の見通しを提供する。多くの人々が物質的な欲望の追求を、ますます表面的で空疎なものと感じている世界では、リワイルディングによる「新しい野生」と、それが生みだすつながりの感覚と心地よさ《ウェルビーイング》に対する、驚くほどのレベルの熱意が予測される。私たちは、他の分野の公的支出と比較して生態系回復の費用がいかに少なくてすむかによって勇気づけられるとともに、リワイルディングが人々と社会に広く吹きこむ、希望と自信にみちた新しい精神に触発されることになるだろう。

参考文献

第1章

Donlan, C.J., Berger, J., Bock, C.E., Bock, J.H., Burney, D.A., Estes, J.A., Foreman, D., Martin, P.S., Roemer, G.W., Smith, F.A., Soulé, M.E., and Greene, H.W., 2006. 'Pleistocene rewilding: an optimistic agenda for twenty-first century conservation'. *The American Naturalist*, 168: 660–681.

Foreman, D., 2004. *Rewilding North America: A Vision for Conservation in the 21st Century*. Island Press.

Zimov, S.A., 2005. 'Pleistocene Park: return of the mammoth's ecosystem'. *Science*, 308: 796–798.

第2章

Bond, W.J., 2005. 'Large parts of the world are brown or black: a different view on the "Green World" hypothesis'. *Journal of Vegetation Science*, 16: 261–266.

Hofmann, R.R., 1989. 'Evolutionary steps of ecophysiological adaptation and diversification of ruminants: a comparative view of their digestive system'. *Oecologia*, 78: 443–457.

Janis, C.M., 1993. 'Tertiary mammal evolution in the context of changing climates, vegetation, and tectonic events'. *Annual Review of Ecology and Systematics*, 24: 467–500.

Soshani, J., 1998. 'Understanding proboscidean evolution: a formidable task'. *Trends in Ecology & Evolution*, 13: 480–487.

Strömberg, C.A., 2006. 'Evolution of hypsodonty in equids: testing a hypothesis of adaptation'. *Paleobiology*, 32: 236–

258.
Strömberg, C.A., 2011. 'Evolution of grasses and grassland ecosystems'. *Annual Review of Earth and Planetary Sciences*, 39: 517–544.

第3章

Araujo, B.B., Oliveira-Santos, L.G.R., Lima-Ribeiro, M.S., Diniz-Filho, J.A.F., and Fernandez, F.A., 2017. 'Bigger kill than chill: The uneven roles of humans and climate on late Quaternary megafaunal extinctions'. *Quaternary International*, 431: 216–222.

Ceballos, G., Ehrlich, P.R., Barnosky, A.D., García, A., Pringle, R.M., and Palmer, T.M., 2015. 'Accelerated modern human-induced species losses: Entering the sixth mass extinction'. *Science Advances*, 1: 1400253.

Dudgeon, D., Arthington, A.H., Gessner, M.O., Kawabata, Z.I., Knowler, D.J., Lévêque, C., Naiman, R.J., Prieur-Richard, A.H., Soto, D., Stiassny, M.L., and Sullivan, C.A., 2006. 'Freshwater biodiversity: importance, threats, status and conservation challenges'. *Biological Reviews*, 81: 163–182.

Galetti, M., 2009. 'Parks of the Pleistocene: recreating the Cerrado and the Pantanal with megafauna'. *Natureza & Comservacão* 2: 93–100.

Grill, G., Lehner, B., Thieme, M., Geenen, B., Tickner, D., Antonelli, F., Babu, S., Borrelli, P., Cheng, L., Crochetiere, H., and Macedo, H.E., 2019. 'Mapping the world's free-flowing rivers'. *Nature*, 569: 215.

Grill, G., Lehner, B., Lumsdon, A.E., MacDonald, G.K., Zarfl, C., and Liermann, C.R., 2015. 'An index-based framework for assessing patterns and trends in river fragmentation and flow regulation by global dams at multiple scales'. *Environmental Research Letters*, 10: 015001.

Guthrie, R.D., 2006. 'New carbon dates link climatic change with human colonization and Pleistocene extinctions'. *Nature*, 441: 207–209.

Hallmann, C.A., Sorg, M., Jongejans, E., Siepel, H., Hofland, N., Schwan, H., Stenmans, W., Müller, A., Sumser, H., Hörren, T., Goulson, D., and de Kroon, H.E., 2017. 'More than 75 percent decline over 27 years in total flying insect biomass in protected areas'. *PLOS One*, 12: 0185809.

Hingston, R.G.W., 1931. 'Proposed British national parks for Africa'. *Geographical Journal*, 74: 401-428.

Martin, P.S., 2005. *Twilight of the Mammoths: Ice Age Extinctions and the Rewilding of America*, University of California Press.

MacArthur, R.H. and Wilson, E.O., 2001. *The Theory of Island Biogeography*. Princeton University Press.

Reich, D., 2018. *Who We Are and How We Got Here: Ancient DNA and the New Science of the Human Past*. Oxford University Press. [『交雑する人類——古代ＤＮＡが解き明かす新サピエンス史』日向やよい訳、ＮＨＫ出版、二〇一八年]

Rosenberg, K.V., Dokter, A.M., Blancher, P.J., Sauer, J.R., Smith, A.C., Smith, P.A., Stanton, J.C., Panjabi, A., Helft, L., Parr, M., and Marra, P.P., 2019. 'Decline of the North American avifauna'. *Science*, 366: 120-124.

Sandom, C., Faurby, S., Sandel, B. and Svenning, J.C., 2014. 'Global late Quaternary megafauna extinctions linked to humans, not climate change'. *Proceedings of the Royal Society B: Biological Sciences*, 281: 20133254.

Surovell, T.A., Pelton, S.R., Anderson-Sprecher, R., and Myers, A.D., 2016. 'Test of Martin's overkill hypothesis using radiocarbon dates on extinct megafauna'. *Proceedings of the National Academy of Sciences*, 113: 886-891.

Wroe, S., Field, J., Fullagar, R., and Jermin, L.S., 2004. 'Megafaunal extinction in the late Quaternary and the global overkill hypothesis'. *Alcheringa*, 28: 291-331.

WWF & ZSL Living Planet Index. http://www.livingplanetindex.org/ home/index

第４章

Durrell, G., 2002. *Golden Bats and Pink Pigeons*. House of Stratus. Hansen, D.M., Donlan, C.J., Griffiths, C.J., and

Campbell, K.J., 2010.
'Ecological history and latent conservation potential: large and giant tortoises as a model for taxon substitutions'. *Ecography*, 33: 272–284.

Hansen, D.M. and Galetti, M., 2009. 'The Forgotten Megafauna'. *Science*, 324: 42–43.

Falcón, W., and Hansen, D.M., 2018. 'Island rewilding with giant tortoises in an era of climate change'. *Philosophical Transactions of the Royal Society B: Biological Sciences*, 373: 20170442.

Mitchell, F.J.G., 2005. 'How open were European primeval forests? Hypothesis testing using palaeoecological data'. *Journal of Ecology*, 93: 168–177.

Lorimer, J., Sandom, C., Jepson, P., Doughty, C., Barua, M., and Kirby, K.J., 2015. 'Rewilding: Science, practice, and politics'. *Annual Review of Environment and Resources*, 40: 39–62.

Nogués-Bravo, D., Simberloff, D., Rahbek, C., and Sanders, N.J., 2016. 'Rewilding is the new Pandora's box in conservation'. *Current Biology*, 26: 87–91.

Ripple, W.J., and Beschta, R.L., 2012. 'Trophic cascades in Yellowstone: the first 15 years after wolf reintroduction'. *Biological Conservation*, 145: 205–213.

Vera, F.W.M., 2000. *Grazing Ecology and Forest History*. CABI Publishing.

Vera, F.W.M., 2009. 'Large-scale nature development - The Oostvaardersplassen'. *British Wildlife*, 20: 28.

Wolf, A., 2008. 'The big thaw'. *Stamford Magazine*.

Zimov, S.A., 2005. 'Pleistocene Park: return of the mammoth's ecosystem'. *Science*, 308: 796–798.

Zimov, S.A., Zimov, N.S., Tikhonov, A.N., and Chapin, F.S., 2012. 'Mammoth steppe: a high-productivity phenomenon'. *Quaternary Science Review*, 57: 26–45.

第5章

Brunbjerg, A.K., Bruun, H.H., Moeslund, J.E., Sadler, J.P., Svenning, J.C., and Ejrnaes, R., 2017. 'Ecospace: A unified framework for understanding variation in terrestrial biodiversity'. *Basic and Applied Ecology*, 18: 86–94.

Hayward, M.W., Scanlon, R.J., Callen, A., Howell, L.G., Klop-Toker, K.L., Di Blanco, Y., Balkenhol, N., Bugir, C.K., Campbell, L., Caravaggi, A., and Chalmers, A.C., 2019. 'Reintroducing rewilding to restoration - rejecting the search for novelty'. *Biological Conservation*, 233: 255–259.

Laundré, J.W., Hernández, L., and Ripple, W.J., 2010. 'The landscape of fear: ecological implications of being afraid'. *The Open Ecology Journal*, 3: 1–7.

Perino, A., Pereira, H.M., Navarro, L.M., Fernández, N., Bullock, J.M., Ceaușu, S., Cortés-Avizanda, A., van Klink, R., Kuemmerle, T., Lomba, A., and Pe'er, G., 2019. 'Rewilding complex ecosystems'. *Science*, 364: eaav5570.

Rewilding Europe & ARK Nature, 2017. *Cycle of Life: a New Way to Support Europe's Scavengers*. DOI: 10.26763/2017.01

Svenning, J.C., Pedersen, P.B., Donlan, C.J., Ejrnaes, R., Faurby, S., Galetti, M., Hansen, D.M., Sandel, B., Sandom, C.J., Terborgh, J.W., and Vera, F.W.M., 2016. 'Science for a wilder Anthropocene: Synthesis and future directions for trophic rewilding research'. *Proceedings of the National Academy of Sciences*, 113: 898–906.

第6章

Doughty, C.E., Wolf, A., and Field, C.B., 2010. 'Biophysical feedbacks between the Pleistocene megafauna extinction and climate: The first human-induced global warming?'. *Geophysical Research Letters*, 37: 15.

Doughty, C.E., Wolf, A., and Malhi, Y., 2013. 'The legacy of the Pleistocene megafauna extinctions on nutrient availability in Amazonia'. *Nature Geoscience*, 6: 761–764.

Doughty C.E., Roman, J., Faurby, S., Wolf, A., Haque, A., et al., 2015. 'Global nutrient transport in a world of giants'. *Proceedings of the National Academy of Sciences*, 113: 868–873.

Janzen, D.H., and Martin, P.S., 1982. 'Neotropical anachronisms: the fruits the gomphotheres ate'. ***Science***, 215: 19–27.

Macias-Fauria, M., Jepson, P., Zimov, N., and Malhi, Y., 2020. 'Pleistocene Arctic megafaunal ecological engineering as a natural climate solution?'. ***Philosophical Transactions of the Royal Society B***, 375: 20190122.

Malhi, Y., Doughty, C.E., Galetti, M., Smith, F.A., Svenning, J.C., and Terborgh, J.W., 2016. 'Megafauna and ecosystem function from the Pleistocene to the Anthropocene'. ***Proceedings of the National Academy of Sciences***, 113: 838–846.

Wolf, A., Doughty, C.E., and Malhi, Y., 2013. 'Lateral diffusion of nutrients by mammalian herbivores in terrestrial ecosystems'. ***PLOS One***, 8: 71352.

Zimov, S.A., Schuur, E.A., and Chapin III, F.S., 2006. 'Permafrost and the global carbon budget'. ***Science***, 312: 1612–1613.

第7章

Carson, R., 1962. ***Silent Spring***. Houghton Mifflin Company. [『沈黙の春〈新装版〉』青樹簗一訳、新潮社、二〇〇一年ほか]

Greene, J.D., 2013. ***Moral Tribes: Emotion, Reason, and the Gap Between Us and Them***. Penguin.

Jepson, P., 2019. 'Recoverable Earth: a twenty-first century environmental narrative'. ***Ambio***, 48: 123–130.

Goderie, R., Helmer, W., Kerkdijk-Otten, H., and Widstrand, S., 2013. ***The Aurochs: Born to be Wild***. Roodbont.

Goffman, E., 1974. ***Frame Analysis: An Essay on the Organization of Experience***. Harvard University Press.

Kahneman, D., 2011. ***Thinking, Fast and Slow***. Macmillan. [『ファスト＆スロー――あなたの意思はどのように決まるか？』（上下）村井章子訳、早川書房、二〇一二年]

Monbiot, G., 2013. ***Feral: Searching for Enchantment on the Frontiers of Rewilding***. Penguin UK.

Fairfield, O., 1948. ***Our Plundered Planet***. Little, Brown and Company.

Shapiro, B., 2015. ***How to Clone a Mammoth: the Science of De-extinction***. Princeton University Press. [『マンモスのつく

りかた――絶滅生物がクローンでよみがえる』宇丹貴代実訳、筑摩書房、二〇一六年〕
Tree, I., 2018. ***Wilding: The Return of Nature to a British Farm.*** Pan Macmillan. 〔『英国貴族、領地を野生に戻す――野生動物の復活と自然の大遷移』三木直子訳、築地書館、二〇一九年〕
Vogt, W., Baruch, B.M., and Freeman, S.I., 1948. ***Road to Survival.***W. Sloane Associates.
Zamboni, T., Di Martino, S., and Jiménez-Pérez, I., 2017. 'A review of a multispecies reintroduction to restore a large ecosystem: the Iberá Rewilding Program (Argentina)'. ***Perspectives in Ecology and Conservation***, 15: 248–256.

第8章

Jepson, P., Schepers, F., and Helmer, W., 2018. 'Governing with nature: a European perspective on putting rewilding principles into practice'. ***Philosophical Transactions of the Royal Society B: Biological Sciences***, 373: 20170434.
Kerley, G.I.H., Kowalczyk, R., and Cromsigt, J.P.G.M., 2012. 'Conservation implications of the refugee species concept and the European bison: king of the forest or refugee in a marginal habitat?'. ***Ecography***, 35: 519–529.
Pettorelli, N., Barlow, J., Stephens, P.A., Durant, S.M., Connor, B., Schulte to Bühne, H., Sandom, C.J., Wentworth, J., and du Toit, J.T., 2018. 'Making rewilding fit for policy'. ***Journal of Applied Ecology***, 55: 1114–1125.
Torres, A., Fernández, N., Zu Ermgassen, S., Helmer, W., Revilla, E., Saavedra, D., Perino, A., Mimet, A., Rey-Benayas, J.M., Selva, N., and Schepers, F., 2018. 'Measuring rewilding progress'. ***Philosophical Transactions of the Royal Society B***, 373: 20170433.

訳者あとがき

管　啓次郎

ある単語が人々の考え方を変えることは、たしかにある。変えるというか、それまではっきりとは意識されていなかった何かが、その単語を核として結晶し、だれの目にも明らかになる。理解のための触媒になり、さらには、将来の行動目標になる。本書がタイトルとして採用した〈リワイルディング〉という単語には、たしかにそんな力が秘められているのではないだろうか。

再野生化。「ワイルド」という英語の形容詞を「人の手が加わっていない」という意味だととらえるなら、ワイルドの状態を回復すること。生態系という枠組で考えるなら、人工・人為の部分をできるかぎり小さくし、人間が介入しない「野」のあり方を真剣に想像し、それに近づける方向で人間がその土地から「手を引く」こと。人間が文明 civilization と呼んできたものの核にあるのは都市 civitas だが、人間と人間が利用する物資の集積場である都市、あるいは人間のための生産の場である農地や山林のむこうにある「野」と今後いかにつきあっていくか、それを考えようではないか、という呼びかけの気持ちも、そこには含まれているだろう。

背後には、人間の活動が地球各地の環境を大きく破壊し、植物にせよ動物にせよ、他の生物種の生息域や生活環のあり方、現実の個体数に、大きな影響をあたえてきたことに対する反省がある。現代は多くの生物種の大絶滅時代だ。人間という単一の種が、定住革命・農業革命・産業革命・流通革命・情報革命といった激変を経験するごとに、ヒトの周囲の環境も大きな打撃をこうむってきた。他の種は、その影響を直接に、激しくうける。そして現在の単一のグローバル市場の時代にあって、ヒトの倒錯的な消費のパターンは、手がつけられないところまで反＝自然なものとなっている。

世界の行きすぎた都市化＝人間化。この反＝自然的世界に対する見直しをうながすのがリワイルディングという概念だ。ぼくが最初にこの単語をはっきりと意識したのは二〇一四年の夏、アラスカでのことだった。故・星野道夫の親友だった、写真家・作家・熊ガイドのリン・スクーラー Lynn Schooler の家で、数分の映像作品を見せてもらった。鮭の一生をみごとに描いたもので、水中撮影を含め、撮影者の技量には息を呑むものがあった。主題は明確だ。川で生まれ、海で育ち、ふたたび川を遡上して、そこで産卵・授精すれば一生を終える鮭という魚が、生態系において果たしている仕事。それはひとことでいえば海で育った自分が故郷の川に戻り、そこに住む熊やきつね、鳥たちや昆虫などの小動物に食われることで、海の養分を森に循環させていくということだ。

日本でも、たとえば三陸の牡蠣漁師である畠山重篤が、牡蠣の生育のために決定的に重要なのは彼が暮らす湾に川や湧水をつうじてもたらされる森の植物性プランクトンだということに気づき、川の上流での植林運動（「森は海の恋人」という取り組み）を成功させるといった例があった。人間による開発は、しばしばこうした自然の連関を無視して生態系を分断していくが、それをふたたび元来の姿に戻そうとする試みは、着実に行なわれるようになっている。たとえばそのような努力のことも、リワイルディングのひとつの姿と考えていいわけだ。

アラスカで見た短編はパウル・クラヴァーPaul Klaverという映像作家のものだったが、その彼が撮影チームに参加している長編映画のこともそのときに知った。オランダはアムステルダム近郊にある干拓地オーストファールテルスプラッセンを舞台に、人間が手をひいた土地がどのように自然の生態系を回復していくかを、驚異的な映像によって見せてくれる、すばらしいドキュメンタリー作品だ。動物撮影にかけては世界的に最高の技術をもった人々のチームが、途方もない撮影時間をかけて、この土地の姿を丁寧に描写していく。この映画『新しい野生』(*De nieuwe wildernis.* 二〇一三年)は本国オランダで大ヒットした。ぼくをアラスカに案内してくれた写真家の赤阪友昭とともに、二〇一五年にオランダの現地を訪ね、同時に映画の輸入準備にとりかかった。この映画はぼくの日本語字幕をつけて、二〇一六年秋には日本公開することができた。日本公開にあたってわれわれが選んだタイトルは『あたらしい野生の地　リワイルディング』。オーストファールテルスプラッセンにおける生物学者たちの試みに敬意を表するとともに、この映画が、人間が手放した、あるいは手放さざるをえなかった、土地の運命を考えるための指針になることを願ってのことだった。

リワイルディングには積極的なものも消極的なものもある。賛嘆すべき例も、手放しでは歓迎できない例もあるかもしれない。しかし最低限の了解として、地球は、その土地は、海は、人間だけのものではないという自覚があるはずだ。人間が独占していいものではないし、人間の都合で好きなように改造していいものでもない。人間の活動、なかでも利益を求めて歯止めのきかない増殖につながりがちな経済活動を、人間はみずから制御することを学ばなくてはならない。

少しだけ、立ち止まって考えてみよう。日本列島はまちがいなく、明治以後の百五十年で自然の多くの富を失ってきた。その速度が恐ろしいほどに加速したのは、いわゆる高度経済成長期以後の、この六十年ほどのことだ。その見えやすい指標として、海岸と河川の人工化があることも、疑えない。子供のころ楽しく遊んだ海岸が、四十年後、すべて消滅しているのを見て、愕然としたことがある。自然海岸は、護岸工事の名のもとにコンクリートで固められてきた。あるいは洪水管理の名のもとに、河川にはおなじくコンクリートでダムがつくられ、流れは単なる水路へと貶められた。そのような工事の何が問題かというと、もともとあった水と陸の「あいだ」を、すっかり破壊してしまうことだ。海でも川でも、水と土の中間地帯である岸辺は、つねに生命の鍵をにぎる場だった。多くの生物がそこで暮らすことができた。その場がつぶされる。近代がつくった余分なものは、これからたとえ百五十年かけることになっても除去しなくてはならないとぼくは考えている。いつのまにか全国の海岸に途方もない量が投げ込まれている消波ブロックは、生態系にとってどれだけの悪影響をあたえていることか。砂浜を失って、海亀にどこで卵を生めというのか。

しかし絶望するにはまだ早い。北アメリカの例になるが、たとえば二〇一二年のワシントン州エルワ川にはじまる、ダム除去による川の生態系の回復は、まだ端緒についたばかりだ。あるいはイエローストーン国立公園での例のように、オオカミの再導入による生態系の多様性回復という例もある。一方で、人間が居住をやめることで野生生物（植物であれ動物であれ）が旺盛に数を回復し、ヒトの歴史の痕跡すら消えてしまう土地も、現実にあちこちで生じている。確実にいえるのは、われわれは〈人為〉と〈自然〉のバランスの全面的見直しの時期に入っており、しかもその最後のチャンスに直面しているのではないか、ということだ。なすべきことは人間の自己収縮であり、それにより他の生物種のための空間をひらくことだと思う。「リワイルディング」という単語は、確実にこれからの百年の人間社会の課題となるだろう。そして本書はこの考え方の射程を知るための、最初の手がかりとして役に立つはずだ。ここから、議論をはじめよう。

解説　リワイルディングを希望にするレッスン

松田法子

草原を疾走する野生馬の群れ、テリトリーを点検するオオカミたち、ゆっくりと草を食むバイソン、朝靄の中にたたずむ立派なシカのシルエット。既に失われたはずの大型のけものたちが躍動する風景が、現代の都市や暮らしのすぐ横に出現していたなんて。そしてそんな「新しい野生」が、リワイルディング（Rewilding）という名のもと、人の手によって広げられているなんて。

誰もが驚きを隠せないそんな光景が、いま各地で現実になっているのです。

リワイルディングとは何か

ある地区・地域の生物多様性を最大限に高めることを目指す。そのために、人間が現在の劣化した生態系に一定の刺激を与える。具体的には大型の草食動物や肉食獣など、そこの生態系の要としてはたらいてくれるキーストーン種を連れてくる。その後、その地区や地域でおこる変化を注意深く観察しながら、人間の管理や介入の度合いをできる限り減らしてゆき、そこの土地を、動物や植物、虫、菌類などが編み上げる豊かな生態系に委ねる。衰えた自然に人が手を添えて活力を取り戻していく実践が、リワイルディングです。

日本ではまだ耳なじみがないかもしれませんが、リワイルディングはもう世界のあちこちで広まっています。多数の科学者が集い、地球規模で自然保護・保全の調査研究や政策提言を行う国際自然保護連合（ＩＵＣＮ）にもリワイルディングを専門に扱うチームが編成され、10の原則からなるガイドラインも発表されました。

そのガイドラインでは、すべての種と生態系の価値を認識すること、人間と自然の今後の共存のために価値観や規範を変えていくこと、科学と先住民や地域の伝統知との両方から情報を得て実践していくこと、そして可能であれば気候変動の影響を緩和させること――などがうたわれています。

このＩＵＣＮのガイドラインから、改めてリワイルディングの定義を確認してみましょう。

リワイルディングとは、人間による大きな攪乱の後に、自然生態系を再構築するプロセスをさす。自然のプロセスと、すべての栄養レベル［食物連鎖の各レベル］における完全ないしはほぼ完全な食物網を、攪乱が起こらなかったとしたらいま存在していたであろう生物相を用いて、自立的で回復力のある生態系として再建する。これには、人間と自然との関係のパラダイムシフトが要求される。

リワイルディングの最終目標は、ランドスケープの幅広いスケール全体にわたってどの栄養レベルの欠落もなく自然がみちびくがままに機能している、原生生態系を回復させることにある。生態系とは静的なものではなく動的なものだという認識に立って、リワイルドされた生態系は

──可能であれば──管理のためのヒトの介入がまったくなく、あるいは最小限の介入のみで、みずからを維持してゆく（natura naturans すなわち「自然がみずからなすべきことをなす」）、自立したものでなくてはならない。

リワイルディングのルーツ

本書でも述べられるように、リワイルディングという言葉は、アメリカの環境保全活動家で「アース・ファースト！」の創設者であるデイヴィッド・フォアマンが一九九〇年に使ったのがはじめだと言います。その後、アメリカの生物学者であるマイケル・ソーレとリード・ノスがこの言葉を継承し、一九九八年の『ワイルド・アース』誌で、リワイルディングとは「3つのC」に基づく環境保全であるとしました。3つのCとは、生物多様性の高い **Cores**（核）、それらをつなぐ **Corridors**（回廊）、そして **Carnivores**（肉食獣）のことです。この方針はイエローストーン国立公園で実行に移され、具体的には、オオカミの再導入が実現されました。

生物学者の理論はわかったとして、でも、オオカミの復活なんて本当にうまくいくのでしょうか。当然、周辺の牧場主たちから強固な反対があったといいます。しかしオオカミの再導入は成功し、シカや大型ジカのエルクが増えすぎて荒れ果てていたイエローストーン国立公園内の環境は、大きく改善することになりました。また、リワイルディングの実践過程では、オオカミに対する人々の嫌悪感には家畜などへの実質被害の可能性以外に、それらが開拓時代の北米大陸で人間が戦ってきた相手＝野生だからという背景があるといった、「自然」や「野生」と人間との距離感や関係の歴史にもとづく心理的バイアスも明らかになりました。

イエローストーンとほぼ同じ頃のヨーロッパでは、オランダのアムステルダム近郊にある干拓放棄地、オーストファールテルスプラッセン（ＯＶＰ）で壮大な実験が始められます。人間が開発をあきらめた水辺の土地に渡り鳥たちがやってきて、そこを自分たちのために有効活用しているのをみつけた若い生物学者・生態学者たちが、他の動物の力を組み合わせることでその状態を維持できないかと考えたのです。ひらけた水辺や草地は、放っておくと幼木が芽吹き、それらが成長して、次第に林や森へと遷移していきます。森は豊かな自然の象徴のようですが、実は陸上で最も生物多様性が高い環境は、ひらけた草地であるといいます。またヨーロッパにおいては、渡り鳥の繁殖地や休息地を確保することには既に国際的な連携があり、自然保護や保全の観点から合意が得られやすい状況がありました。このようなバックグラウンドのもとに、ＯＶＰでは次に述べるような画期的実験のプロセスも兼ねた、驚くべき「新しい野生」が誕生することになるのです。

その実験とは、人類がアフリカから到達する前のヨーロッパの古環境が森林だったのか明るい草原だったのかを検証する、というものでした。ヨーロッパの伝統的な自然は、黒く豊かな森だったというイメージが当たり前で、古環境を研究する自然科学の学説上もそうでした。植生はいずれ森に遷移し、しかもそれ以上大きな変化が起こらない極相林という安定状態に達する。しかし、人がいなかったかつてのヨーロッパ大陸では、大型草食動物たちが常に若木を食べることで森林は簡単には形成されず、明るい草地、低灌木、森林の遷移を繰り返していたのではないかという仮説を、ＯＶＰプロジェクトを始めた中心的生物学者のフランス・ヴェラはもっていました。そこでＯＶＰには、ヨーロッパの原生種に近いウマ、ウシ、シカが放され、現代（完新世）ではなく、ヒト以前（一万年以上前の更新世）の古景観を復元する、という野心的な実験区ともなったのです。

これら二つのパイオニア実践地でのエピソードは、人が守ろうとしたり、あるいは逆に排除しようとしたりする「自然」は、きわめて歴史的・精神的なものであることも教えてくれるでしょう。

そしてリワイルディングは、大型肉食動物を導入したイエローストーンと、大型草食動物を導入したOVPを双頭のモデルとして広まっていきます。前者は充分な土地がある北米大陸で、後者は山地や森と集落の距離が近いヨーロッパで採用されてきました。本書の4章で、リワイルディングのビッグ・フォーとして紹介されるのがまずOVPとイエローストーンであるのはそのためです。

そして三つめ、永久凍土の土壌学者であるセルゲイ・ジモフとその家族がつくったロシアの更新世パークは、出発点の動機は異なるものの、OVP同様に「ヒト以前」の古環境の復元を行うとするもので、かつ、大型草食動物が永久凍土を踏み固めることで土中への二酸化炭素の固定をはかるという、地球温暖化への対抗手段として構想されていることが特徴です。四つめ、インド洋のモーリシャスにおけるゾウガメの再導入は、一見これらの三つほど目新しく思えないかもしれません。しかし、元々いた種とは異なるけれどもそこの生態系で原生種と同様の生態的位置を占めることで、関連する在来生物群の絶滅の回避や生物多様性の維持への役割が期待されている点では、過去のヨーロッパにいた古いウシ（オーロックス）やウマ（ターパン）の代替動物としてOVPにヘック牛やコニックが導入されたこととも相通じています。このあたりから広げれば、外来種がつくりだす自然とは何かということをラディカルに論じ、人間の手を介することで生みだされる新しい自然や生態系の希望を紹介した、エマ・マリスの『「自然」という幻想――多自然ガーデニングによる新しい自然保護』(岸由二・小宮繁訳、草思社、二〇一八年) などにも視点は広がっていくでしょう。

リワイルディングの前衛性と現代性

これまでのあらゆる開発史において、人間が自然を大きく変えたり壊したりしてきたことと、そのことによってあまりに多くの生物やそれらが生きる環境が失われたことは、今や誰しもが意識していることでしょう。現代は「第六の大量絶滅の時代」などとも言われています。

しかしリワイルディングは、失われていくばかりで先細りだという「自然」の未来に、新たな希望を吹き込もうとします。そしてそこには、人間の力が必要だというのです。これが既に多種多様となっているリワイルディング・プロジェクトの、全体を支える精神でしょう。

生態系を刺激してより活き活きとさせるための中核動物を、実際に現場へ運びこむことができるのは人間です。リワイルディング対象地区でその後おこる変化を注意深く見守り、最小限の適切な手入れを施すのも、自然科学の豊富な知識とポジティブで精密な仮説をもつ研究者たちなのです。

しかし本書を通じてリワイルディングの世界に深く分け入っていくと、次のような疑問をもつ日本の読者もいるかもしれません。

・結局、野生動物・半野生動物は人間のために、自然の新たな管理者として働かされることにならないのか。

・リワイルディングは、あらゆる生命にとってよい結果をもたらすのか。最終的にはやはり人間を中心にした理想的な環境が動物をつかってつくり出される、という未来を招かないのか。
・そもそも、リワイルディング実践地の中からはなぜ人が姿を消していくのか。ヒトと自然の共生や共進化の歴史は、そこではどう扱われるのか。

本書の1章などにも明示されているように、リワイルディングは「機能主義的な生態工学」であるという側面ももっています。機能主義とは十九世紀の末から二十世紀の前半にかけて科学や芸術分野で提唱された、現象と相互関係の法則的な把握を目指す考え方で、現代科学のシステム思考などを準備してきました。各地で個別に実践されるリワイルディングが、地球温暖化の抑制などグローバルな問題に働きかけるという考えもシステム思考の典型的なもので、その特徴は本書の6章に詳しく書かれています。また、生態工学（エコロジカル・エンジニアリング）とは、生態系の設計・管理・創出を行う新たな工学分野で、人間と自然双方への利益を考慮しながら、自然の自己組織的な推移を重視するというアプローチです。

しかし果たして自然は、予測や理論通りに設計できるのでしょうか。リワイルディング実践地の中の新しい野生が想定外の発展を遂げたとき（例えば動物たちの大繁殖）、人間はそれを制御しようと介入することにならないのでしょうか。

また、ヨーロッパのリワイルディングは、都市への人口集中という社会構造の潮流自体は批判していないようにも思えます。人口はこれからますます都市に引き寄せられ、地方は過疎化する。ではその過疎化した地域を、リワイルディングの手法で活性化させればよいじゃないか……。そこには、現代人が見たことのない、大型肉食動物や草食動物が跳躍する新しいサファリパークと、それを取り巻く「野生動物経済」が生まれるだろう……。

運動の継続のために適切な資金とその循環を織り込んでいくことはとても重要です。でも、どこかでリワイルディングの目的や効果が道を踏み外すことはないのでしょうか。

加えて（本書は距離を置くものの）、リワイルディングのひとつに数えられることがある「脱絶滅」、つまりマンモスなどの絶滅種を、遺伝子工学技術でよみがえらせようという意欲的なプロジェクトには、「フランケンシュタイン的生態系」を発生させるのではないか、という将来的懸念も指摘されています（ブリット・レイ『絶滅動物は甦らせるべきか？――絶滅種復活の科学、倫理、リスク』高取芳彦訳、双葉社、二〇二〇年）。

わずかに挙げたこのような事柄からも、リワイルディングがさまざまな現代的関心を集める「ホットな科学」（9章）であることは一目瞭然でしょう。

しかし、何もしないで指をくわえてみているよりは、少しでもいま、生態系を活性化させることを手助けしたい。気候危機や大量絶滅ばかりが取り沙汰される暗い未来はもうたくさん。人が自然と一緒につくりだせる関係は、もっと自由で、多様で、前衛的で、冒険的であってもいい。そのような思いをもち、科学者や実践家としても、コミュニケーターや語り手としても優れた資質をもつ魅力的なリワイルダーたちが、リワイルディングのネットワークを広げています。

　このようなリワイルディングにおいてきっと真に大切になるのは、地球上の各所や、ある国の中の各地など、それぞれの土地の特性に応じたカスタムメイドの「リワイルディング」が、下方から立ち上げられることだと思います。これについては本書9章の一節「リワイルディング活動の分散ネットワーク」でも、「私たちはリワイルディングの将来の組織形態が、小規模から中規模の企業の*分散したネットワークになると考えている。これは、二十世紀後半に出現し今日でもまだ支配的な、中央集権的でやや官僚的な保全モデルとは、まったく異なるものになるだろう」と述べられているところです。リワイルディングには、ただひとつの手法というものはないのです。

　そしてリワイルディングは、「スローな思考を必要とする」（7章）ことも本書では強調されています。地域の文脈、生態学的・文化的な歴史、また政治や経済にも注意をはらいながら、リワイルディングする未来をかたちづくるための連携関係を探っていくことが必要なのです。

リワイルディングの希望に向けて

　欧米発祥のリワイルディング・モデルを参照した運動や実践がまだ存在していない日本において、これからどのようにリワイルディングへの反応や受容があり、また連携がありうるでしょうか。

＊　なお、「企業の」というところは、本書あるいはヨーロッパのリワイルディングの特徴なのかもしれません。要するに収益を上げられる民間モデルであるということです。リワイルディングには、動物の導入にせよ、リワイルディング地区の継続的モニタリングの人件費にせよ、資金が必要です。そしてリワイルディングは、国家や官僚、それに近い中央集権的な国際組織など、トップダウンの主導を是としていません。

そこにおいて、ポール・ジェプソンとケイン・ブライズによる本書は、世界に広がりつつあるリワイルディングの基本的な考え方、代表的な実践例、各地のヴァリエーション、これまでの議論などをよく整理して伝えてくれる、すばらしい解説書です。本書は現在までのリワイルディング・プロジェクトや概念を整理した、国際的にも初の一般向け科学概説書だからです。

リワイルディングを扱う書籍の中でも、まず本書が日本で初めて本格的にリワイルディングを紹介する書物としてこのように翻訳刊行されるのは、とてもありがたいことだと思います。また、関心を深めた読者は、二〇二二年にThe MIT Pressから刊行されている、図版や写真を多数収録した原著のイラストレイティッド版を手に取ってみるのもお勧めです。

そして、イングランドにあるクネップ・キャッスル・エステートのイザベラ・トゥリーなど（『英国貴族、領地を野生に戻す——野生動物の復活と自然の大遷移』三木直子訳、築地書館、二〇一九年）、本書でも紹介されている魅力的な実践地やリワイルダーたちを追いかけてみることも、きっと新しい楽しみになることでしょう。

「有限の地球」（ローマ・クラブ報告書、一九七二年）を、人と自然の協働作業によって「回復可能な地球」へと軌道修正していく。そうした希望に向けて既に様々な草の根の取り組みをしている、あるいはこれから何をしようかを考えている多くの方々の手に本書が届き、リワイルディングという考え方が、その意欲や活動をより活き活きと輝かせる刺激になることを願って。

著者紹介

Paul Jepson（ポール・ジェプソン）

元オックスフォード大学「生物多様性、保全、管理」修士課程のディレクター、リワイルディングを進めるコンサルタント組織Ecosulis社の自然再生リーダー。リワイルディングの政策や行動思想に関する科学的・一般的な論文を発表しながら、テレビやラジオにも定期的に出演している。2017年より、非営利団体「リワイルディング・ヨーロッパ」の監督委員会メンバー。

Cain Blythe（ケイン・ブライズ）

Ecosulis社のマネージング・ディレクターで生息域回復の専門家。特に自然的再生テクニックの導入、自然回復、テクノロジー使用による保全に詳しい。イングランドおよびウェールズでのビーバーを放つ試みのモニタリングに、多数参加し、再野生化をめぐる講演を定期的におこなうとともに、多くの再野生化プロジェクトに貢献。

訳者紹介

管啓次郎（すが・けいじろう）

詩人、明治大学理工学研究科〈総合芸術系〉教授。主な著書に『斜線の旅』（インスクリプト、読売文学賞受賞）、『本は読めないものだから心配するな』（ちくま文庫）、『エレメンタル』（左右社）、『本と貝殻　書評/読書論』（コトニ社）など。翻訳にエドゥアール・グリッサン『〈関係〉の詩学』（インスクリプト）、『星の王子さま』（角川文庫）、パティ・スミス『Mトレイン』（河出書房新社）ほか。

林真（はやし・まこと）

独立研究者、翻訳家。明治大学理工学研究科〈総合芸術系〉博士前期課程終了。修士論文は「ナーヴァス・システムと日記——マイケル・タウシグは『非常事態』にどう対処するか？」。訳書にヘレン・チェルスキー『ブルー・マシン——海というエンジンと人類史』（エイアンドエフ）。京都芸術大学非常勤講師。

解説者紹介

松田法子（まつだ・のりこ）

京都府立大学大学院生命環境科学研究科准教授。専門は、建築史・都市史・生環境構築史。単著に『絵はがきの別府』（左右社）、共著に『東京水辺散歩〜水の都の地形と時の堆積をめぐる』（技術評論社）、共編著に『危機と都市 -Along the Water』（左右社）など。

カバー写真：@Tomoaki Akasaka
装幀：岡澤理奈

リワイルディング
生態学のラディカルな冒険

2025年2月26日　第1版第1刷発行

著　者　ポール・ジェプソン
　　　　ケイン・ブライズ

訳　者　管《すが》　啓《けい》次《じ》郎《ろう》
　　　　林《はやし》　　　真《まこと》

解　説　松《まつ》田《だ》法《のり》子《こ》

発行者　井　村　寿　人

発行所　株式会社　勁《けい》草《そう》書房

112-0005 東京都文京区水道2-1-1　振替 00150-2-175253
（編集）電話 03-3815-5277／FAX 03-3814-6968
（営業）電話 03-3814-6861／FAX 03-3814-6854
堀内印刷所・松岳社

ISBN978-4-326-75060-3　　Printed in Japan

＊落丁本・乱丁本はお取替いたします。
ご感想・お問い合わせは小社ホームページから
お願いいたします。

https://www.keisoshobo.co.jp

P・B・トンプソン　太田和彦 訳

食農倫理学の長い旅

〈食べる〉のどこに倫理はあるのか

不信と分断を生み出す主張の単純化を越え、「皆が食べ続けることができる社会の姿」を探求する思考の旅へ。30年以上にわたりFood Ethicsを牽引してきた著者の集大成。

定価三五二〇円（本体三二〇〇円）／四六判／四一六頁

(2021.3)

ISBN978-4-326-15468-5

P・B・トンプソン　P・E・ノリス　寺本 剛 訳

持続可能性

みんなが知っておくべきこと

概念の基本から議論全容を統合的に見る哲学的視点まで、Q&Aでつかむ sustainability の核心とその体系。分野の代表的論者が解説するユニークな1冊。本質的な議論のために。

定価二九七〇円（本体二七〇〇円）／A5判／三一二頁

(2022.7)

ISBN978-4-326-60352-7

K・シュレーダー＝フレチェット
奥田太郎・寺本 剛・吉永明弘 監訳

環境正義

平等とデモクラシーの倫理学

環境に関する社会的公平性を問う「環境正義」の基本文献。手続き的正義、世代間の公平などの概念を事例を通して説明し、環境をめぐる不平等を是正するための理論と実践を示す。

定価六〇五〇円（本体五五〇〇円）／A5判／四六四頁

(2022.2)

ISBN978-4-326-10299-0

E・コッチャ　嶋崎正樹 訳　山内志朗 解説

植物の生の哲学

混合の形而上学

私たちは世界と混ざり合っている——動物学的である西洋哲学の伝統を刷新し、植物を範型とした新しい存在論を提示する。モナコ哲学祭賞受賞作。

定価三五二〇円（本体三二〇〇円）／四六判／二二八頁

(2019.8)

ISBN978-4-326-15461-6

＊表示価格は二〇二五年二月現在。消費税（一〇%）が含まれております。

勁草書房刊